AF354252

Dados Internacionais de Catalogação na Publicação (CIP)
(Câmara Brasileira do Livro, SP, Brasil)

```
        Parasitoses emergentes e negligenciadas [livro
           eletrônico] : desafios globais em saúde humana
           e animal / [colaboradores Fagner D'Ambroso
           Fernandes, Márcia Alves de Medeiros
           Gorodicht]. -- 3. ed. -- Santa Maria, RS :
           Ed. dos Autores, 2025.
        ePub

           Bibliografia.
           ISBN 978-65-01-40457-8

           1. Parasitologia 2. Parasitologia médica
        3. Parasitologia veterinária I. Fernandes, Fagner
        D'Ambroso. II. Gorodicht, Márcia Alves de Medeiros.


                                      CDD-636.089696
        25-262867                     NLM-SF-810
```

Índices para catálogo sistemático:

1. Parasitologia veterinária : Medicina veterinária
   636.089696

Eliete Marques da Silva - Bibliotecária - CRB-8/9380

# COLABORADORES

**Fagner D'Ambroso Fernandes** é graduado, mestre e doutor em Medicina Veterinária pela UFSM, onde realiza pós-doutorado no Programa de Pós-Graduação em Medicina Veterinária. Possui formação pedagógica, especialização em Docência no Ensino Superior e Tecnologias Digitais na Educação. É professor substituto na UFSM e docente na UniRitter. Integrou comissões do CRMV-RS e atualmente, é coordenador do Comitê de Saúde Única da Rede Brasileira de Pesquisa em Toxoplasmose - RedeToxo.

**Márcia Alves de Medeiros Gorodicht** é Médica Veterinária graduada pela Universidade Federal de Campina Grande (UFCG), com Mestrado e Doutorado na mesma instituição. Especialista em Gestão da Qualidade, Higiene e Tecnologia de Produtos de Origem Animal, Pós-doutorado em Ciências Veterinárias pela UFRGS. É Professora Adjunta da Universidade Federal de Santa Maria (UFSM) e possui mais de 10 anos de experiência docente, com atuação nas áreas de Medicina Veterinária Preventiva, Inspeção e Tecnologia de Produtos de Origem Animal. Também possui experiência em fiscalização sanitária, orientação de alunos e desenvolvimento de projetos de pesquisa e extensão, sempre com enfoque na integração prática e acadêmica.

# PREFÁCIO

A saúde pública enfrenta desafios complexos em um mundo em constante mudança, e a compreensão profunda da parasitologia veterinária e ambiental emerge como uma ferramenta essencial nessa luta. A interação entre parasitas e seus hospedeiros não afeta apenas a saúde animal, mas representa um risco significativo à saúde humana, especialmente em comunidades onde práticas inadequadas de higiene e manejo alimentar são comuns. Nesse contexto, as infecções causadas por *Taenia solium* e *Taenia saginata* se destacam, visto que podem resultar em condições graves, como a teníase e a cisticercose, impactando a vida de milhões de pessoas ao redor do mundo.

Esses helmintos apresentam características morfológicas únicas que são chave para a compreensão de seus complexos ciclos de vida. A infecção humana, predominantemente derivada da ingestão de carne contaminada com cisticercos, frequentemente mal-cozida, pode levar a complicações severas e duradouras. Em muitas regiões onde o consumo de carne suína e bovina é recorrente, as altas taxas de infecção sublinham a urgência de uma abordagem proativa na implementação de métrica de controle e diagnóstico. Programas integrados de vigilância sanitária são fundamentais não apenas para quebrar o ciclo de transmissão, mas também para educar as comunidades sobre práticas de segurança alimentar.

O campo da parasitologia também enfrenta novos desafios com o surgimento de parasitas emergentes, como os do gênero *Angiostrongylus*. Espécies como *A. cantonensis*, responsável pela meningoencefalite eosinofílica, e A. costaricensis, causador de angiostrongilose abdominal, exemplificam essas novas ameaças à saúde. A diversidade morfológica entre machos e fêmeas, bem como os complexos ciclos de vida que englobam hospedeiros invertebrados e vertebrados, fazem dessas infecções um campo desafiador de estudo. As possíveis consequências em humanos incluem inflamações intestinais severas e complicações fatais, evidenciadas por taxas de letalidade alarmantes, que reforçam a necessidade de uma abordagem educacional eficaz e de novas estratégias terapêuticas.

Com o objetivo de abordar a diversidade das questões em parasitologia veterinária e ambiental, este livro oferece uma visão abrangente que explora não apenas os aspectos técnicos e científicos dessa disciplina, mas também discute a importância da educação em saúde, da pesquisa contínua e da conscientização global sobre as infecções parasitárias. Integrando dados epidemiológicos, clínicos e laboratoriais, esperamos que este recurso se torne um guia valioso para profissionais de saúde, pesquisadores e estudantes que buscam desvendar os complexos desafios impostos por esses organismos, promovendo assim um futuro mais seguro e saudável para todas as espécies.

Fagner D'Ambroso Fernandes

# SUMÁRIO

# INTRODUÇÃO

A compreensão profunda da parasitologia veterinária e ambiental é essencial para a promoção da saúde pública em um cenário global cada vez mais desafiador. A interação entre organismos parasitas e seus hospedeiros não apenas impacta a saúde animal, mas também representa um risco significativo à saúde humana, especialmente em comunidades onde as práticas de higiene e o manejo alimentar são inadequados. Entre os parasitas mais prevalentes, *Taenia solium* e *Taenia saginata* merecem destaque, pois as infecções relacionadas a esses helmintos podem levar a condições severas como a teníase e a cisticercose, afetando milhões de pessoas em todo o mundo.

Esses helmintos apresentam características morfológicas únicas, que são fundamentais para a compreensão de seu ciclo de vida. A infecção humana ocorre predominantemente pela ingestão de carne contaminada com cisticercos, geralmente em estados mal-cozidos, resultando em complicações de saúde que podem ser severas e duradouras. Em regiões onde o consumo de carne suína e bovina é comum, as taxas de infecção são alarmantes, sublinhando a necessidade de uma abordagem proativa na implementação de medidas de controle e diagnóstico. A execução de programas integrados de vigilância sanitária é imprescindível, não apenas para interromper o ciclo de transmissão, mas também para educar as comunidades sobre práticas de segurança alimentar.

Além das já conhecidas infecções por *Taenia*, o campo da parasitologia enfrenta novos desafios com o surgimento de parasitas emergentes, como os do gênero *Angiostrongylus*. *A. cantonensis*, responsável por meningoencefalite eosinofílica, e *A. costaricensis*, causador de angiostrongilose abdominal, exemplificam essas novas ameaças à saúde. As características morfológicas desses parasitas adultos são variáveis entre machos e fêmeas, e seu ciclo de vida complexo envolve múltiplas mudas larvais em hospedeiros tanto invertebrados quanto vertebrados. As consequências da infecção em humanos podem ser devastadoras, com relatos de inflamações intestinais graves e complicações fatais, como perfuração intestinal e sepse, tendo sido documentadas taxas de letalidade de até 7,4% no Brasil.

Diante desse panorama, a dificuldade no diagnóstico dessas infecções se torna um obstáculo significativo. Muitas vezes, os sintomas são vagos e podem ser confundidos com outras condições, exigindo um conhecimento especializado e uma abordagem diagnóstica rigorosa para a identificação correta. O tratamento, por sua vez, é frequentemente desafiador, pois carece de terapias específicas; intervenções cirúrgicas podem ser necessárias em casos mais avançados, levando a discussões sobre a necessidade de novos métodos terapêuticos e estratégias de manejo eficazes.

Este livro visa abordar a diversidade de questões relacionadas à parasitologia veterinária e ambiental, proporcionando uma visão abrangente que não apenas explora os aspectos técnicos e científicos dessa disciplina, mas também discute a importância da educação em saúde, da pesquisa contínua e da conscientização global sobre essas infecções. Ao integrar dados epidemiológicos, clínicos e laboratoriais, esperamos criar um recurso valioso para profissionais de saúde, pesquisadores e estudantes que buscam entender e enfrentar os desafios impostos pelos parasitas, promovendo, assim, uma saúde mais segura para todos os seres vivos.

## DESENVOLVIMENTO

Os parasitas pertencentes ao gênero *Angiostrongylus*, que afetam humanos, estão associados a condições como meningoencefalite eosinofílica (causadas pela infecção de *A. cantonensis*) ou angiostrongilose abdominal (resultante da infecção por *A. costaricensis*). Os indivíduos adultos desse gênero possuem um corpo filamentoso, com uma cutícula transparente e lisa. As extremidades são cônicas, espessas e ligeiramente estriadas, sendo a caudal curvada ventralmente em ambos os sexos. A abertura oral é simples e circular, cercada por seis papilas sensoriais.

Os machos variam entre 12 a 33 mm em comprimento, e têm um diâmetro que vai de 0,16 a 0,31 mm. Suas extremidades são finas e estriadas, com a anterior arredondada e a distal afilada. O esôfago é claviforme, enquanto a extremidade caudal possui espículas para acasalamento, que se projetam a partir da cloaca. As fêmeas atingem de 22,5 a 34 mm de comprimento e têm diâmetro que varia entre 0,22 e 0,35 mm. Elas apresentam tubos uterinos que se abrem depois da junção com o esôfago claviforme, migrando para a região posterior, onde terminam em uma vagina curta, próxima à vulva (localizada na extremidade do corpo).

As larvas, semelhantes às de outros nematóides, passam por 4 mudas, sendo duas delas dentro do hospedeiro invertebrado (L1 -> L2 -> L3) e duas no hospedeiro vertebrado (L3 -> L4 -> adulto). As larvas têm formato cilíndrico, com a extremidade anterior arredondada e a posterior gradualmente pontiaguda. As L1 são eliminadas nas fezes, apresentando um esôfago claviforme fino e delgado, com intestino tubular que contém material granular. As L2 medem entre 0,28 a 0,37 mm de comprimento e 0,04 mm de diâmetro. Sua morfologia interna é difícil de visualizar. As larvas L3 variam de 0,40 a 0,54 mm em comprimento e de 0,02 a 0,03 mm em diâmetro, e são infectantes para o hospedeiro vertebrado. As L4 demonstram dimorfismo sexual, com o macho medindo 0,875 mm e a fêmea 0,925 mm.

As L1 são excretadas nas fezes dos roedores e podem infectar moluscos através da via oral ou cutânea. Se ingeridas, estas larvas penetram as paredes do trato digestivo, sem apresentar tropismo por tecidos específicos, podendo ser encontradas nos rins e no reto. Quando a infecção ocorre pela via cutânea, as L1 preferencialmente penetram pelos ductos excretores e migram para a camada fibromuscular. Nesse local, elas se desenvolvem (L1 - L2 - L3), sendo a primeira muda concluída em aproximadamente 4 dias, e a segunda, a partir do 11º dia. A infecção pode induzir uma mobilização sistêmica de amebócitos e a formação de granulomas. As contrações musculares podem resultar no rompimento e na eliminação das larvas. As larvas que não são excretadas mantêm-se no molusco, constituindo um risco para os roedores que possam ingeri-las.

As larvas que penetram os vasos linfáticos atravessam os linfonodos mesentéricos, onde, no terceiro dia, ocorre a muda para L4. Elas migram para o sangue venoso, passando rapidamente pelo coração e pela circulação pulmonar. Quando retornam ao coração, ocorre a quarta muda, e as larvas são distribuídas pelo corpo, especialmente nos ramos ileocecais da artéria mesentérica superior.

As L1, que são infectantes para o hospedeiro invertebrado, são eliminadas nas fezes dos roedores. Se chegarem às vênulas intestinais, serão encaminhadas ao fígado via veia porta, onde se transformam em parasitas adultos. Tanto Angiostrongylus cantonensis quanto *A. costaricensis* têm ciclos que envolvem roedores e moluscos. Contudo, o período de desenvolvimento de L1 a L3 ocorre em cerca de 17 dias.

Em humanos, a retenção de ovos de *A. costaricensis* na parede intestinal pode desencadear uma intensa reação inflamatória. Nessas circunstâncias, os ovos não conseguem eclodir, interrompendo o ciclo biológico. A ingestão de ovos e larvas pode comprometer a vascularização, especialmente em vasos mesentéricos, resultando em eosinofilia tecidual intensa. Lesões anatômicas são frequentemente observadas no apêndice cecal, íleo terminal e ceco, podendo ser classificadas como pseudoneoplásicas. As complicações intestinais podem levar à perfuração, resultando em um quadro grave de abdome agudo com peritonite e sepse, que pode culminar na morte do indivíduo afetado. No Brasil, já foi documentada uma letalidade de 7,4%. Poucos pacientes parasitados por *A. cantonensis* foram submetidos a necropsia. Entretanto, parasitas foram encontrados no espaço subdural e subaracnoide, evidenciando necroses focais e hemorragias decorrentes do percurso do parasito. O diagnóstico dessa parasitose é desafiador e deve incluir dados epidemiológicos, clínicos, laboratoriais e anatomopatológicos. Devido à retenção de ovos no nível intestinal, a angiostrongilose abdominal não é detectada por técnicas parasitológicas de fezes. Além disso, essa apresentação pode ser confundida com neoplasias, apendicite ou tuberculose intestinal. Histórico de exposição a moluscos em áreas endêmicas pode estar associado a casos de eosinofilia no líquido cerebroespinhal, indicando meningoencefalite eosinofílica.

O tratamento não é específico, e os anti-helmínticos comumente utilizados em outras infecções parasitárias são desaconselhados, pois podem induzir a migração errática dos parasitas e agravar as lesões. Em casos mais severos de quadros abdominais, uma intervenção cirúrgica pode ser necessária. Nos episódios de meningoencefalite eosinofílica, normalmente observa-se redução dos sinais após 3 a 6 semanas com a utilização de analgésicos e corticosteroides.

A Singamose é uma patologia emergente que envolve o parasito da família Syngamidae, com gêneros de interesse médico-veterinário incluindo *Cyathostoma*, *Mammomonogamus*, *Stephanurus* e *Syngamus*. O parasito *Syngamus trachea* infesta o sistema respiratório de aves, enquanto *Mammomonogamus* é encontrado na laringe e brônquios de diversos animais silvestres e domésticos, incluindo bovinos, caprinos, roedores e, ocasionalmente, humanos. *Mammomonogamus laringeus* é similar ao *S. trachea*. Até o presente momento, foram registrados 25 casos no Brasil. Devido à dificuldade de diagnóstico, muitas pessoas podem estar infectadas sem saber.

Este helminto é dioico, com machos medindo cerca de 3 mm e fêmeas entre 8 e 9 mm, e têm uma coloração avermelhada, vivendo em acasalamento permanente (machos possuem uma bolsa copuladora robusta). O ciclo evolutivo de *M. laringeus* ainda não está completamente elucidado, mas acredita-se que seja semelhante ao de S. trachea, no qual as fêmeas fecundadas depositam ovos que podem ser expectorados ou deglutidos, saindo das fezes, onde se embriogam e liberam larvas infectantes em poucos dias. Quando consumido pelo hospedeiro, em alimentos ou através de algum invertebrado (como moluscos ou artrópodes), o parasito pode ser novamente ingerido por um hospedeiro paratênico. Nesse caso, ele chega ao trato digestivo, atravessa a mucosa, adentra a corrente sanguínea e alcança os pulmões e a laringe, onde atinge sua maturidade. No caso de S. trachea, o ciclo completo ocorre em 3 semanas, mas o tempo de ciclo para humanos ainda é desconhecido, incluindo a possibilidade de infecção pelos adultos.

O diagnóstico da parasitose é feito por meio de sinais clínicos visíveis e pela identificação do parasito em humanos ou animais. Nos exames de fezes, a detecção do parasito é rara. O tratamento envolve o uso de quimioterápicos, com o tiabendazol sendo uma opção específica. Em humanos, a remoção do helminto é frequentemente realizada.

*Lagochilascaris minor* foi identificado em um cão da raça pastor alemão no Brasil. Em gatos, houve descrição de infecção natural associada a um caso humano em uma área rural do estado do Pará. Outras espécies de *Lagochilascaris* foram relatadas, mas *L. minor* é a que suscita maior interesse médico, sendo o agente etiológico da lagochilascaríase humana. Assim como outros ascarídeos, *L. minor* apresenta três lábios distintos na extremidade anterior, separados por um sulco pós-labial, e um tubo digestivo composto de esôfago, intestino, reto e ânus ou cloaca. Os machos possuem comprimento entre 6,4 e 11,5 mm, enquanto as fêmeas variam de 5,5 a 13 mm. Os ovos têm casca espessa e se assemelham aos de A. lumbricoides, resistindo a períodos de 24 horas em solução de formaldeído, álcool etílico e sulfato de zinco, em diversas concentrações.

O ciclo de *L. minor* inicia-se com a ingestão de carne crua ou mal-cozida de mamíferos que contêm larvas encapsuladas do parasito. Em camundongos inoculados com ovos infectantes por via oral, observa-se que as larvas eclodem no intestino, migram para o fígado e pulmões e se encistam na musculatura esquelética e no tecido subcutâneo. Um aspecto interessante é que em gatos inoculados com ovos infectantes, o parasito não atinge a maturidade sexual. Gatos que consomem carcaças de camundongos contaminados veem larvas do terceiro estágio eclodirem do cisto no estômago, migrando para a parte superior do trato gastrointestinal e alcançando a fase adulta na orofaringe ou na região superior do trato respiratório e digestório. Se houver uma fístula entre a orofaringe e o trato digestório, os ovos do parasito podem ser encontrados nas fezes, além de estarem localizados junto aos adultos. Assim, camundongos agem como hospedeiros intermediários, enquanto os gatos são considerados os hospedeiros definitivos do parasito.

A patogenicidade da doença parasitária em humanos é amplamente desconhecida. Em estágios avançados da infecção, podem surgir lesões tumorais (nódulos abertos ou fechados) nas regiões cervical, retroauricular, mastoide, no conduto auditivo, seios paranasais, orofaringe e no sistema nervoso central e pulmões. As lesões formam pseudocistos, nódulos ou abscessos, com diâmetro variando de 5 a 12 cm, apresentando consistência dura e bordas indefinidas. Quando fistulados, podem drenar material seropurulento e fétido, contendo ovos, larvas e parasitas adultos.

O diagnóstico clínico pode ser realizado na fase crônica da doença, com comprometimento da região cervical, podendo ocorrer lesões secundárias próximas ou distantes, dependendo da migração larval. O diagnóstico laboratorial é feito através da identificação do parasita no local da lesão e da detecção de ovos e larvas. Após a coleta do material da lesão, recomenda-se a fixação em solução de formalina a 10% a quente. Além disso, técnicas histopatológicas podem ser empregadas para observar as estruturas do parasito.

O tratamento da infecção é baseado na administração de benzimidazóis, assim como é possível utilizar ivermectina, conforme estudos realizados. Contudo, é essencial estar alerta para a possível eliminação dos adultos e o encistamento larval, que pode criar a impressão de que o paciente está curado.

O gênero *Babesia* incluem protozoários intraeritrocitários, que infectam animais domésticos, silvestres, e ocasionalmente, seres humanos. Em condições normais, este parasito é transmitido por carrapatos da família Ixodidae. Diferentemente de Plasmodium, não há formação de pigmento no citosplasma de eritrócitos. Trofozoítos são as formas simples, arredondadas ou ovais, e merozoítos, formas alongadas, piriformes, elípticas.

Quando um carrapato realiza o repasto sanguíneo em um hospedeiro infectado, ocorre o início do ciclo. O carrapato ingere formas de *Babesia,* presentes nas hemácias, mas somente gametas conseguem se desenvolver. No tubo digestivo ocorre a lise das hemácias, liberando gametas que se fecundam, originando o cineto (zigoto), que invadem as células intestinais e fazem esquizogonia (reprodução assexuada), formando esporocineteos. Estes, são disseminados pela hemolinfa e atingem os ovários, infectando ovos. Desta forma, o parasito passa para as próximas gerações de carrapatos, caracterizando uma transmissão vertical transovariana). Nas larvas, os parasitos que atingem a glândula salivar do carrapato, multiplicam-se e podem ser transmitidos para os hospedeiros vertebrados no momento do repasto sanguíneo.

Os humanos infectam-se ao serem picados por carrapatos infectados, ou por meio de transfusão sanguínea. Os casos humanos notificados são os mesmos identificados parasitando bovinos, equinos e roedores. No Brasil, caso já foi descrito, sem identificação da espécie. As espécies mais comuns que são notificadas no Brasil são em bovinos (*B. bigemina* e *B. bovis*), em cavalos (*B. caballi*) e em cães (*B. canis* e *B. gibsoni*).

A babesiose em humanos é considerada uma doença febril aguda, caracterizada por mialgias, fadiga, anemia hemolítica. O quadro pode ser confundido com o de malária. O diagnóstico da doença deve ocorrer na fase aguda, com a visualização dos parasitos em esfregaços sanguíneos de sangue, corados com Giemsa. Caso a parasitemia seja baixa, pode-se utilizar métodos imunológicos.

Outro parasito emergente são os Microsporídeos, que apresentam desenvolvimento intracelular obrigatório e pertencem ao filo Microspora. Os que apresentam maior importância médica são *Enterocytozoon bieneusi* (intestino delgado, bexiga, fígado, pulmão), *Encephalitozoon intestinalis*, *Encephalitozoon hellem*, *Nosema ocularum* (disseminado), *Vittaforma cornea* (córnea), *Pleistophora* sp. (músculo esquelético), *Trachipleistophora hominis* (músculo esquelético e tecido nasal). A doença é considerada emergente pois causa infecções em pacientes de grupos imunodeprimidos (AIDS, transplantados, crianças, viajantes). Entretanto, recentemente, após estudos realizados por Adl e cols. (2012), os microsporídeos foram reclassificados como fungos.

Outra família de parasitos emergentes é a Paragonimidae, parasitos pulmonares de mamíferos de diferentes ordens. Anteriormente os parasitos eram classificados como da família Troglotrematidae. Dentre mais de 50 espécies, a maior parte dos casos humanos ocorrem pela infecção por *Paragonimus westermani*, endêmica e com ampla distribuição no continente asiático. A transmissão destes parasitos ocorre por meio da ingestão de crustáceos dulciaquícolas ou hospedeiros vertebrados paratênicos (contendo metacercárias infectantes), crus ou malcozidos. A parasitose é conhecida como hemoptise e acomete 20 milhões de pessoas, sendo que ainda temos 300 milhões que vivem em áreas de risco.

Nas Américas, além dos casos de *P. westermani* como casos importados e viajantes, outros casos forma descritos infectados por *Paragonimus kellicotti* e *Paragonimus mexicanus*. No Brasil, estudos relacionados à distribuição deste parasito são escassos. A primeira espécie descrita no Brasil foi *Paragonimus rudis*, em uma ariranha no Mato Grosso, em 1828. Recentemente, um caso humano foi diagnosticado no Estado da Bahia, demonstrando que esta doença pode estar sendo subestimada.

Os parasitos adultos apresentam características de um trematódeo, grande, com 8 a 12 mm de comprimento, por 4 a 7mm de largura, com coloração acastanhada e corpo espinhoso. São hermafroditas, com órgãos sexuais opostos um do outro. Os ovos são grandes, acastanhados, medindo de 85 a 10um de comprimento, por 50 a 70um de largura. Não apresentam miracídios quando eliminados. As cercárias são do tipo microcerca, com cauda bastante curta e estilete na ventosa oral. As metacercárias apresentam formato ovalado ou esférico, medindo de 0,5 a 1mm de comprimento, com vesícula excretora.

Os parasitos presentes no pulmão dos hospedeiros definitivos, liberam ovos no escarro, podendo ser expectorados ou deglutidos. Caso deglutidos, podem ser liberados ovos íntegros nas fezes. Em 20 dias, em ambiente aquático, o miracídio é liberado dos ovos. o miracídio é capaz de nadar ativamente até encontrar um molusco, onde irá ocorrer a reprodução assexuada. Para que isso ocorra, perfuram o diafragma e migram para a cavidade pleural, onde ocorre acasalamento no parênquima pulmonar. No interior do parênquima, iniciam a liberação de ovos. No hospedeiro não usual (paratênico), a lavar pode medrar pela musculatura e não se desenvolver.

A ocorrência de sinais clínicos desta parasitose depende de espécie, da taxa de infecção e características imunes e genéticas do hospedeiro. A migração pulmonar pode determinar a migração leucocitária e de necrose tissular. A fase aguda é caracterizada por febre, dor abdominal, diarreia seguida de tosse persistente (inicialmente seca, e posteriormente, produtiva). A ocorrência ectópica é rara (cérebro e coração).

O diagnóstico é realizado buscando detectar ovos nas secreções respiratórias, fezes e lavado broncoalveolar. Testes sorológicos e PCR também são técnicas que podem ser utilizadas. O tratamento é realizado por meio da prescrição de praziquantel ou triclabendazol, tendo como medida profilática a não ingestão de crustáceos crus ou mal-cozidos.

Outro parasito que pode ser considerado emergente é representante da família Opisthorchiidae, espécie *Clonorchis sinensis*. Parasito das vias hepatobiliares de mamíferos, é o agente etiológico da clonorquiose em humanos. A doença é endêmica em regiões asiáticas. No Brasil, cerca de 40 casos foram identificados em imigrantes oriundos de países asiáticos, entre os anos 1980 e 1990. Estes parasitos são transmitidos por meio da ingestão de peixes crus ou mal cozidos, como sushi e sashimis.

Os parasitos adultos apresentam corpo alongado, com forma lanceolada, medem de 10 a 25mm de comprimento, por 3 a 5mm de largura. Possuem ventosa oral e ventosa ventral, são hermafroditas, com a presença de dois testículos localizados na região posterior do corpo. Os ovos são pequenos, operculados, apresentando miracídio formado. Medem 27 a 55um de comprimento, por 12 a 20um de largura, e apresentam opérculo em um dos pólos. As cercárias são do tipo pleurolofocerca, cauda simples e membrana natatória. As metacercárias apresentam formato ovalado, esférico, medindo 120 a 140um de comprimento por 90 a 120 de largura. Apresentam vesícula excretora com grânulos escuros no interior.

O ciclo biológico compreende o hospedeiro definitivo que alberga o parasito no sistema hepatobiliar. Ovos são eliminados juntamente com a bile, no intestino delgado, são eliminados junto das fezes. No ambiente aquático, os ovos são ingeridos por moluscos transmissores. No trato gastrointestinal dos mesmos, ocorre a eclosão do miracídio, que penetra na mucosa retal, e diferencia-se em esporocisto, apresentando reprodução assexuada em rédias, após 2 semanas. Após, emergem as cercárias que nadam em busca de um segundo hospedeiro intermediário (peixes). Aderem ao segundo hospedeiro, penetram na musculatura, transformam-se em metacercárias encistadas. Nestes, tornam-se infectantes após 30 dias. A ingestão de carne de peixe contaminada pelos hospedeiros definitivos, propicia que as metacercárias passam pelo estômago, desencistam no duodeno, migram rapidamente, via ampola hepatopancreática e ducto biliar, alcançando ducto biliares intra-hepáticos. Ocorre amadurecimento sexual e a produção e eliminação de ovos começa a ocorrer após 1 mês de infecção.

A transmissão da doença ocorre por meio da ingestão de carne de peixe cru ou mal-cozido, tendo apresentação dos sinais clínicos dependente da fase e intensidade de infecção. Distensão abdominal, diarreia e desconforto, podem ser observados. A presença do parasito proporciona hiperplasia do epitélio e ductos biliares. O diagnóstico é baseado em exames de fezes, mas pode ser associado à exames de imagem, como ultrassom e tomografia computadorizada. O tratamento é realizado a base de Praziquantel.

Outros trematódeos considerados emergentes, e que podem infectar humanos, são da família Heterophyidae. São parasitos considerados pequenos, com ampla distribuição mundial, sendo duas espécies as mais prevalentes em seres humanos: *Metagoninum yakogawai* e *Heterophyes heterophyes*. *M. yakogawai* é mais prevalente em países como Coreia, China, Egito e Taiwan, e *H. heterophyes*, no Egito. No Brasil, a partir da década de 1990, foram relatados 20 casos autóctones de heterofiose.

Entretanto, no Brasil, a espécie caracterizada foi *Ascocotyle (Phagicola) longa*, após a ingestão de tainhas. No final da década de 50, *Centrocestus formosanus* foi descrito no Brasil.

Os parasitos desta família apresentam tamanho pequeno (0,3 a 2mm), são hermafroditas, apresentam ventosas oral e ventral (maior parte dos gêneros). Os ovos são pequenos, medindo 25um de comprimento por 15um de largura, podendo apresentar miracídio formado ao ser liberado para o ambiente. As cercárias são do tipo pleurolofocerca e parapleurolofocerca, e apresentam membranas natatórias. As metacercárias são esféricas ou ovaladas, apresentam vesícula excretora com grânulos escuros no interior.

O hospedeiro definitivo infectado (homem, aves aquáticas, cães, gatos) liberam nas fezes ovos com miracício. Ao atingirem a água, os ovos são ingeridos por moluscos. No intestino destes hospedeiros, ocorre a eclosão do miracídio, transforma-se transforma em esporocisto e rédia. As rédias dão origem as cercárias de cauda simples, que nadam até encontrar um segundo hospedeiro intermediário (peixes), encistando em diferentes tecidos. Nestes hospedeiros, passam por desenvolvimento morfológico, e em 2 a 3 semanas, tornam-se infectantes. Humanos ingerem estes tecidos, e em 1 semana, já possui o parasito adulto excretando ovos nas fezes.

Apesar de pequenos, em altas taxas de infecção, podem apresentar milhares de parasitos adultos em um único hospedeiro. A presença do parasito aderido à mucosa do intestino, pode predispor à reação inflamatória de intensidade variável, com hiperplasia de criptas e eosinofilia. O diagnóstico desta parasitose é difícil, devido à similaridade entre as características morfológicas dos ovos, que são muito semelhantes com *C. sinensis*.

Os trematódeos do gênero Philophthalmus, são parasitos oculares de aves e mamíferos, sendo relatados 50 casos de infecção acidental em humanos. No Brasil, duas espécies já foram reportadas: *Philophthalmus lachrymosus*, em capivaras em Foz do Iguaçú, e *Philophthalmus gralli*, em aves aquáticas no Rio de Janeiro.

Os parasitos adutos são considerados relativamente grandes, com formato alongado e medem cerca de 3 a 4 mm de comprimento, por 1 mm de largura. São hermafroditas, com ovário localizado anteriormente aos testículos, que são ovalados e estão localizados na região posterior do corpo. Os ovos são relativamente grandes (135x60um), com miracídio quando eliminados. As cercárias são simples, alongadas e com glândulas adesivas. As metacercárias são encontradas em substratos sólidos ou na película de água. Medem 300x200um.

Hospedeiros vertebrados liberam ovos nas fezes, na água, liberam os miracídios. Estes infectam moluscos aquáticos, após sucessivas gerações, são produzidas cercárias de cauda simples. As cercárias encistam-se no substrato sólido (vegetação) ou película de água, sendo infectantes (após 3 meses). As metacercárias são ingeridas pelos hospedeiros definitivos e os estímulos térmicos e mecânicos, possibilitam favorecem o rápido desencistamento das larvas que estão no trato digestivo superior. Assim, iniciam a migração para a região ocular, passando pelo ducto lacrimal até a conjuntiva após 24 horas. Outra forma é o contato direto das metacercárias com o globo ocular. Após a instalação, crescem e amadurecem sexualmente, podendo liberar ovos cerca de 1 mês após a infecção.

A transmissão ocorre por ingestão de metacercárias ou contato direto das cercárias na região ocular, principalmente em contato com águas potencialmente contaminadas. Desta forma, o diagnóstico é realizado por meio de exame oftalmológico, onde é realizada a remoção cirúrgica, mediante anestesia.

A esquistossomose, causada por trematódeos do gênero *Schistosoma*, como *S. mansoni*, *S. haematobium* e *S. japonicum*, é responsável por complicações graves e morte de cerca de 200 mil pessoas anualmente, principalmente na África, América do Sul e Ásia. O ciclo de vida do *Schistosoma* começa quando ovos são eliminados na água através das fezes ou urina de hospedeiros humanos infectados, eclodindo em miracídios que penetram em caramujos. No interior desses hospedeiros intermediários, os miracídios se transformam em esporocistos, que geram cercárias liberadas na água. Estas cercárias penetram a pele humana, transformando-se em esquistossômulos que migram pela corrente sanguínea até o sistema porta-hepático, onde amadurecem em vermes adultos que continuam o ciclo ao liberar ovos (COOK, 2007).

Na América do Sul, *Schistosoma mansoni* é o agente causador da esquistossomose, também conhecida como barriga d'água ou mal do caramujo. A doença chegou no Brasil possivelmente com o tráfico de escravos, assim como imigrantes orientais e asiáticos (NEVES 2016).

A morfologia de *S. mansoni* pode ser apresentada de acordo com as fases durante o ciclo evolutivo. Os machos apresentam aproximadamente 1cm de comprimento cor esbranquiçada, enquanto as fêmeas medem aproximadamente 1,5cm cor escura (devido ao sangue semidigerido presente no ceco. Os machos possuem ventosas (oral e ventral - acetábulo) na região anterior, e na posterior, o canal ginecóforo. Como não possuem órgão copulador, os espermatozoides passam pelos canais deferentes, que se abrem no poro genital para a fecundação das fêmeas. As fêmeas possuem ventosa oral e acetábulo. Os ovos medem cerca de 150 µm de comprimento por 60 de largura, oval, apresentam espículo voltado para trás. Para determinar se o ovo está maduro, é observada a presença de um miracídio, comumente encontrado nas fezes (NEVES 2022).

O miracídio apresenta forma cilíndrica, com 280 µm de comprimento por 64 de largura. A extremidade anterior possui uma papila apical (*terebratorium*). Neste, apresentam terminações das glândulas adesivas e glândula de penetração. Apresentam o aparelho excretor composto por solenócitos, em número de quatro células, apresentam um sistema de canalículos que são drenados para a ampola excretora. O sistema nervoso é primitivo, sendo responsável pela contratilidade e motilidade das larvas. As células germinativas estão em número de 50 e 100, que possibilita a continuidade do ciclo no caramujo (REY 2008).

A cercária apresenta 500 µm, cauda bifurcada, com duas ventosas. A ventosa oral, apresenta terminações de glândulas de penetração, quatro pares pré-acetabulares e quatro pós-acetabulares, que se conectam com o intestino primitivo. A ventosa ventral, de maior tamanho, é responsável pela fixação na pele do hospedeiro (NEVES 2022).

Os parasitos adultos vivem no sistema porta, e após crescimento (25 dias), migram para a veia mesentérica inferior, na parede intestinal do plexo hemorroidário. As fêmeas iniciam a postura de ovos após 35 dias de infecção, após o acasalamento. Até os dois anos, as fêmeas podem por cerca de 400 ovos ao dia, sendo que 50% ganham o meio externo. O ciclo de vida médio do *S. mansoni* pode ser de até 5 anos. Para a completa formação do miracídio, uma semana é necessária. Para a liberação da submucosa ao lúmen intestinal, reações inflamatórias, pressão dos ovos, enzimas proteolíticas produzidas pelos miracídios, adelgaçamento da parede dos vasos e perfuração da parede venular, propiciam a liberação dos ovos. Essa migração pode levar dias, e caso não alcancem o lúmen intestinal em 20 dias, os miracídios morrem (NEVES 2022).

Após excretados, os ovos liberam os miracídios que migram até moluscos aquáticos, que apresentam atração por substância produzida e liberada pelos moluscos, chamada miraxone. Entretanto, a mesma substância pode possibilitar a penetração do miracídio em outros moluscos da mesma família. Comumente, a infecção por *S. mansoni* ocorre em caramujos *Biomphalaria* (NEVES 2022, REY 2011).

*Terebratorium*, em contato com o tegumento do molusco, assume forma de ventosa. Por meio de movimentos e secreções de enzimas proteolíticas, permitem a penetração do miracídio e o seu desenvolvimento. No caramujo, os miracídios penetram preferencialmente na base das antenas e no pé. Em 48 horas após a penetração, do miracídio, este transforma-se em um saco com paredes cuticulares de células germinativas e reprodutivas, denominada de esporocisto (NEVES 2022).

De acordo com NEVES (2022), o esporocisto I é formado após 72 horas, com aproximadamente 50 a 100 células germinativas, assim como apresentam a redução dos movimentos ameboides. Essa evolução é dependente de condições ideais de temperatura, assim como para as próximas fases de desenvolvimento do esporocisto. O esporocisto II (secundário) inicia com um aglomerado de células germinativas na parede do esporocisto primário. Estes, reoganizam-se dividindo o esporocisto primário em 150 a 200 camadas. A migração do esporocisto II inicia após o 18º dia de infecção. A localização final é nos espaços intertubulares da glândula digestiva. O esporocisto secundário apresenta a área estrutural de células embrionárias. Esta origina o esporocisto III (terciário).

Um único miracídio pode gerar até 300 mil cercárias. A formação completa até a emergência para o meio aquático pode ocorrer entre 27 a 30 dias, em condições favoráveis de temperatura (28ºC). Os miracídios já determinam o sexo das cercárias. Já foi comprovado que caramujos infectados por dois miracídios, apresentam uma massa significativa de tecido parasitário, quando comparado ainfecções isoladas. Entretanto, cargas parasitárias superiores não foram detectadas, possivelmente por um mecanismo de regulação (REY 2008).

De acordo com NEVES (2016), as cercárias são eliminadas dos caramujos por meio das glândulas de escape, favorecida por estímulos externos, como luminosidade e temperatura. *Biomphalaria glabrata* pode eliminar até 4500 cercárias ao dia. As cercárias nadam ativamente até realizar penetração percutânea em humanos, nos folículos pilosos. Os horários em que as cercárias apresentam maior motilidade são entre as 10 e 16 horas. Se ingeridas por humanos com água, são inativadas pelo suco gástrico. Pela penetração (podendo ocorrer em mucosa bucal), migram pelo tecido subcutâneo, e caso adentrem a vascularização, são passivamente transportadas até o pulmão e coração. A partir dos pulmões, os esquistossômulos migram para o sistema porta, pela arteríola pulmonar e capilares alveolares, ganham as veias pulmonares, chegam ao coração pelo lado esquerdo, e são disseminadas para a grande circulação. Pela via transtissular, os esquistossômulos seguem os alvéolos pulmonares, perfuram o parênquima, pleura, diafragma, e alcançam o sistema porta intra-hepático. Entretanto, a primeira via sanguínea, é a mais importante. Quando no sistema porta intra-hepático, apresentam diferenciação entre macho e fêmea, 25 a 28 dias pós penetração. Migram, acasalam, e realizam oviposição na artéria mesentérica inferior. Os primeiros ovos são vistos após 42 dias de infecção do hospedeiro.

A imunidade envolvida nesta parasitose ocorre por meio da chamada imunidade concomitante. Nesta, a imunidade atua em formas iniciais de reinfecções, sem afetar parasitos adultos. Estudos recentes demonstram que a resistência a reinfecções ocorre principalmente do tipo Th2. Adicionalmente, a proteção efetiva pode ser identificada por meio de IgE e IgG4 (anticorpo bloqueador), onde o último compete por epítopos onde IgE se ligaria (NEVES 2022).

A patogenia da infecção está relacionada à cepa do parasito, a carga parasitária adquirida, idade, estado nutricional e resposta imunitária da pessoa. A esquistossomose aguda é caracterizada principalmente por lesões em parede intestinal, com áreas de necrose, causando enterocolite e no fígado. Na esquistossomose crônica, normalmente ocorrem sinais intestinal, hepatointestinal e hepatoesplênicas. Sinais intestinais, podem apresentar fibrose da alça retossigmoide, levando à redução da diminuição do peristaltismo e constipação constante. Quanto ao fígado, dependendo do número de ovos que chegam ao órgão, e da reação granulomatosa, serão identificadas alterações hepáticas (granulomas, dor à palpação, hepatomegalia, fibrose). A esplenomegalia ocorre por um fenômeno imunoalérgico, devido aos elementos do sistema monocítico fagocitário (SMF). Ainda sobre sinais, pode ser identificada a presença de varizes, ascite (barriga d'água) (REY 2011).

O diagnóstico pode ser baseado em análise clínica, parasitológico das fezes (Kato-Katz), métodos imunológicos e moleculares. O tratamento para a esquistossomose ocorre por meio da utilização de drogas modernas, como oxamniquina e praziquantel (NEVES 2022).

Condições inadequadas de saneamento básico são o principal fator responsável pela presença de focos de transmissão da doença. Adicionalmente, pode estar relacionada à padrão socioeconômico precário, do qual, boa parte da população está suscetível. Em áreas endêmicas, de acordo com programas já implementados anteriormente, o tratamento pode ser realizado em todos os casos positivos detectados (larga escala), ou somente em grupos específicos (seletivos). O tratamento ocorre com a utilização de oxamniquina e praziquantel. Estudos indicam que a introdução de linhagens resistentes de *B. tenagophila* em áreas que ocorre a transmissão, tem propiciado a redução da transmissão do parasito.

A Leishmaniose Tegumentar Americana (LTA) é uma doença causada por diferentes espécies de parasitos do gênero *Leishmania* (Ross, 1903), pertencente aos subgêneros *Viannia* e *Leishmania*. No Brasil, as seguintes espécies ocorrem: *Leishmania* (*Viannia*) *braziliensis, Leishmania (Viannia) guyanensis, Leishmania (Viannia) lainsoni, Leishmania (Viannia) shawi, Leishmania (Viannia) naiffi, Leishmania (Leishmania) amazonensis.*

A morfologia ocorre de duas formas para as leishmanias: formas amastigotas e formas promastigotas. As formas amastigotas são ovoides ou esféricas, não há presença de flagelo livre, com tamanho entre 1,5 e 3 x 3 e 6,5um. As formas promastigotas são alongadas em cuja extremidade anterior, emerge o flagelo, com tamanho entre 16 e 40 (comprimento) x 1,5 e 3um (largura), incluindo o flagelo, que normalmente é maior que o corpo. O processo de multiplicação das leishmanias ocorre de forma binária Os hospedeiros invertebrados são pequenos insetos, da ordem Diptera, família Psychodidae, subfamília, Phlebotominae, gênero *Lutzomyia*, ocorrendo o ciclo biológico do parasito. Os hospedeiros vertebrados compreendem uma ampla gama de mamíferos, sendo roedores, edentatus (tamanduá, tatu, preguiça), marsupiais (gambá), canídeos e primatas, incluindo humanos, considerados hospedeiros do parasito.

O ciclo biológico compreende um ciclo no vetor, onde uma fêmea realiza o repasto sanguíneo em um hospedeiro vertebrado, parasitado, ingerindo macrófagos parasitados. As formas amastigotas de *Leishmania* são encontradas parasitando células do sistema manonuclear fagocítico (SMF) do hospedeiro vertebrado, principalmente  macrófagos na pele. Ao realizar o repasto, os macrófagos parasitados são rompidos no estômago do vetor (com as formas amastigotas), com as formas amastigotas. As formas amastigotas realizam uma divisão binária antes de transformarem-se em promastigotas. Estas também realizam divisões binárias, assumindo diferentes formas.

As promastigotas, pertencentes ao gênero *Viannia*, dirigem-se para o intestino posterior, onde se estabelecem nas regiões do piloro e do íleo. Neste local as promastigotas ainda apresentam divisão, e após, migram para o estômago e dirigem-se para a faringe do inseto. Ao migrarem, atingem o estágio de promastigotas metacíclicas (estágio infectivo). No segundo caminho, as formas promastigotas das espécies do subgênero Leishmania multiplicam-se livremente, aderidas ao estômago. Na sequência, retornam para a região anterior do estômago e posteriormente, migram para a faringe.

O ciclo no vertebrado ocorre com início no momento do repasto sanguíneo, ocorrendo regurgitação e introdução de formas promastigotas no local da picada. Em 4 a 8 horas, os flagelos são interiorizados pelos macrófagos teciduais. A saliva do inseto possui propriedades vasodilatadoras, facilitando a alimentação do inseto. Após fagocitose, as formas promastigotas transformam-se em amastigotas, e dentro do vacúolo fagocitário, multiplicam-se por divisão binária até ocupar todo o citoplasma do macrógafo. Este, dependendo da quantidade de amastigotas, pode romper e liberar formas amastigotas (que infectam novas células).

O curso da infecção nos animais, incluindo humanos, é altamente variável, dependente da espécie de *Leishmania* e características genéticas e da resposta imune do hospedeiro. O período de incubação (tempo entre a picada do inseto e o aparecimento da lesão) pode variar entre 2 semanas e 3 meses, segundo observações realizadas no Brasil.

As formas clínicas da doença podem ocorrer em amplo espectro na LTA, estando relacionado ao estado imunológico do paciente, e as espécies de *Leishmania*. Apesar das diferentes apresentações, podemos agrupá-las em leishmaniose cutânea (LC), leishmaniose cutaneomucosa (LCM) e leishmaniose cutânea difusa (LCD).

A LC é caracterizada por formação de úlceras únicas ou múltiplas confinadas na derme, com a epiderme ulcerada. resultam em úlceras leishmanióticas típicas, que podem evoluir para formas vegetantes verrucosas ou framboesiformes. Em estágio aguda, nas bordas das lesões, podem ser encontrados diversos parasitos. Pode ocorrer de forma disseminada em pacientes imunossuprimidos, como por exemplo, síndrome AIDS. No Brasil, as espécies que produzem este tipo de apresentação são: *L. (V.) braziliensis, L. (V.) guyanensis, L. (L.) amazonensis, L. (V.). laisoni* e *L. (V.) naiffi*.

A forma clínica de LCM ocorre principalmente pela presença de *L. (V.) braziliensis*, apresentando curso incial conforme descrito anteriormente. Entretanto, após algum tempo (meses ou anos), produzem lesões destrutivas secundárias, envolvendo mucosas e cartilagens. As regiões comumente verificadas destas lesões são, nariz, faringe, boca e laringe.

A LCD ocorre na forma de lesões difusas não ulceradas por toda a pela, contendo grande número de amastigotas. Esta apresentação ocorre em infecções por *L. (L.) amazonensis* no Brasil. Não é totalmente compreendido esta forma de leishmaniose, se a forma clínica acontece por diversas picadas do vetor, ou pelo resultado da metástase do parasito de um sítio primário para os outros, por meio de vasos linfáticos ou migração de mácrófagos parasitados.

O diagnóstico da doença ocorre de forma clínica, com base na característica da lesão e dados da anamnese. Deve ser realizado o diagnóstico diferencial de outras dermatoses granulomatosas. O diagnóstico laboratorial pode ser realizado, com base na pesquisa do parasito por meio de esfregaço sanguíneo, exame histopatológico, cultura ou inóculo em animais. Adicionalmente, pode ser realizado métodos moleculares com o objetivo da detecção de DNA do parasito.

O tratamento pode ser realizado por meio da utilização de um antimonial pentavalente, Glucatime (antimoniato de N-metilglucamina), de acordo com a OMS. Adicionalmente, no Brasil, alguns grupos de pesquisa (Mayrink e cols). estão utilizando uma vacina para para imunoprofilzaxia (Leishvacin, Biobrás, Montes Claros, MG), em casos resistentes aos antimoniais.

A Leishmaniose Visceral Americana (LVA) é uma doença ocasionada por parasitos do complexo *Leishmania donovani*. Esta forma de leishmania apresenta ums importância significativa pois é uma doença infecciosa, sistêmica, de evolução crônica, caracterizada por febre irregular, de intensidade média e de longa duração, apresentando esplenomegalia e hepatomegalia (acompanhada de hipoalbuminemia, trombocitopenia, anemia). O estado de debilidade que o quadro clínico pode apresentar ao indivíduo pode levar óbito, caso o paciente não seja tratado.

A morfologia das formas parasitárias de Leishmania deste complexo são semelhantes às abordadas no complexo de LTA. Com relação ao ciclo, além de vermos as formas amastigotas em tecidos linfoides, o fígado e o baço podem apresentar as formas parasitárias. Para este complexo, o vetor *Lutzomyia longipalpis* realiza o repasto sanguíneo em indivíduos parasitados, ingerindo macrófagos parasitados. O ciclo dentro do hospedeiro invertebrado é semelhante ao apresentado para a LTA.

O mecanismo de transmissão de *L. infantum* ocorre por meio da picada da fêmea infectada de *L. longipalpus*. As formas promastigotas metacíclicas, movem-se pela probóscide do vetor, e são inoculadas no hospedeiro vertebrado durante o repasto sanguíneo. Outras formas podem ocorrer, como por exemplo, durante o compartilhamento de seringas em utilização de drogas injetáveis e transfusão sanguínea. A patogenia da Leishmaniose, ocasionada por Leishmania infantum, ocorre principalmente em células do SMF, principalmente células do baço, fígado e medula óssea.

Como a infecção ocorre por meio da pele, juntamente com as formas promastigotas, é inoculado saliva. Esta saliva é rica em propriedades inflamatórias, proporcionando atração de células fagocitárias para o local da picada. Nas vísceras, os parasitos proporcionam uma infiltração de macrófagos parasitados, sendo tecido esplênico, sanguíneo, pulmonar e renal os tecidos mais prejudicados.

O quadro clínico pode ter desenvolvimento abrupto ou gradual. Pode ocorrer sinais sistêmicos, como febre intermitente, palidez de mucosas, esplenomegalia, presença ou não de hepatomegalia, e progressivo emagrecimento geral. A forma abrupta ocoorre normalmente em pessoas imunossuprimidas, como HIV e diabéticos.

A forma assintomática da doença pode ser apresentada com sinais inespecíficos, como apresentação de febre baixa recorrente, tosse seca, diarreia, sudorese, prostração e apresentar cura espontânea, ou manter o parasito sem nenhuma alteração evolutiva clínica durante a vida. A forma aguda da doença pode ocorrer no curso inicial, apresentando febre alta, palidez de mucosas e hepatoesplenomegalia discreta. Neste momento, pode ser confundida com febre tifoide, malária, esquistossomose, doença de Chagas, toxoplasmose, que podem apresentar hetoespelenomegalia.

A forma sintomática crônica (calazar clássico) é a forma de evolução prolongada da doença, caracterizada por febre irregular e associada ao contínuo agravamento da doença. Pode apresentar emagrecimento progressivo, caquexia acentuada, mesmo apresentando apetite. A hepatoesplenomegalia associada à ascite, determinam a distensão abdominal.

Embora tenhamos uma ampla diversidade de espécies de Leishmania, a forma clínica da Leishmaniose Dérmica Pós-calazar ocorre somente em infecções envolvendo a *Leishmania donovani*. Essa apresentação ocorre principalmente no subcontinente indiano e no leste da África.

O diagnóstico da leishmaniose deve envolver sinais clínicos apresentados pelos pacientes, assim como associação com parâmetros epidemiológicos, achados hematológicos e bioquímicos, detecção de anticorpos anti-*Leishmania*. Adicionalmente, pode ser realizada a detecção de DNA do parasito.

O tratamento pode ser realizado por meio da implementação de quimioterapia com a utilização de fármacos antimoniais pentavalentes, antimoniato de N-metil glucamina (Glucantine) e estibogluconato (Pentostam). De acordo com o Ministério da Saúde (MS), no Brasil, não há relatos da presença de populações de *L. infamtum* resistentes aos atimoniais, em testes *in vitro*. Em pacientes com insuficiência renal, menores de 1 ano ou acima dos 50 anos, transplantados, cardíacos, renais e hepáticos, o

MS indica a utilização de Anfotericina B lipossomal. Em situações de refratariedade ao tratamento, pode ser indicada a imunoquimioterapia, com a utilização de rHINF gama (interferom gama humano recombinante).

Relacionada a profilaxia e controle, desde 1960, quando se definiu o papel do cão como reservatório doméstico de *L. infantum*, e de *L. longipalpis* como vetor, deve ser seguido de: diagnóstico precoce e tratamento dos doentes; eliminação dos cães ou tratamento e acompanhamento de cães com sorologia positiva; e combate às formas adultas do inseto vetor.

Outro protozoário flagelado de importância médica é a *Trypanosoma cruzi*, agente etiológico da Doença de Chagas, que constitui uma antropozoonose frequente nas Américas. Foi caracterizado em 1909, por Carlos Chagas. O protozoário possui diversas formas evolutivas, nos hospedeiros vertebrados e invertebrados.

As formas amastigotas são verificadas nos hospedeiros vertebrados e na cultura de tecidos, enquanto formas tripomastigotas são verificadas no sangue circulante. Esta última, são consideradas infectantes para hospedeiros vertebrados e células *in vitro*.

O ciclo biológico é do tipo heteroxênico, onde o parasito passa por uma fase de multiplicação intracelular no hospedeiro vertebrado (homem e mamíferos) e extracelular no inseto vetor (triatomíneos). Estudos revelam que os hospedeiros primitivos de *T. cruzi* na natureza foram o tatu, o tamanduá e o bicho preguiça. Amastigotas, epimastigotas e tripomastigotas interagem com células do hospedeiro vertebrado e apenas as epimastigotas NÃO são capazes de se desenvolver e multiplicar. Os tripomastigotas metacíclicos são eliminados nas fezes e urina do vetor, durante ou logo após o repasto sanguíneo, das quais penetram e interagem com células do SMF (da pele e das mucosas).

Neste local, ocorre a transformação de tripomastigotas em amastigotas, que apresentam multiplicação por divisão binária. Após, as amastigotas apresentam diferenciação em tripomastigotas, que são liberadas da célula. Ao caírem no interstício, as formas tripomastigotas podem infectar novas células, ou serem ingeridos pelos triatomíneos, onde cumprirão um ciclo extracelular. No vertebrado (fase aguda), a parasitemia é mais elevada, podendo ocorrer morte do hospedeiro.

Em humanos, a mortalidade da doença (na fase aguda) ocorre principalmente em crianças e pacientes imunossuprimidos. Caso o vertebrado apresente imunidade competente, ocorre a cronificação da doença (dificultando o diagnóstico). A evolução e desenvolvimento das diferentes formas clínicas da fase crônica podem ser visualizadas após 10 a 15 anos de infecção, ou mais.

No hospedeiro invertebrado, ao ingerirem formas tripomastigotas durante o hematofagismo, ocorre a transformação em formas arredondadas, nomeadas como esferomastigotas, e posteriormente, em epimastigotas. Estas podem ser de duas formas: epimastigotas curtas (multiplicam por divisão binária simples - responsável pela manutenção do protozoário no vetor) ou em esferomastigotas e posterior, em tripomastigotas metacíclicos (que são eliminados nas fezes do vetor, ou urina.

Os mecanismos de transmissão podem ocorrer pelo vetor, onde apresenta maior importância epidemiológica. Nesse sentido, a infecção ocorre por meio da penetração de tripomastigotas metacíclicos, que são eliminadas nas fezes e urina de triatomíneos, durante a hematofagia. Este processo ocorre normalmente em pele ou mucosa íntegra. Outra forma de transfusão é por meio de transfusão sanguínea. Esta forma de transmissão é importante principalmente em países onde a prevalência da doença é alta.

Além das duas formas mais comuns de transmissão da tripanossomíase (vetor e transfusão sanguínea), existe a possibilidade de transmissão congênita, acidentes em laboratório, transmissão oral, coito e transplante.

A doença pode ocorrer de duas formas, compreendendo a fase aguda e a fase crônica. As formas de apresentação da doença estão intimamente relacionadas ao estado imunológico do paciente. As formas de apresentação podem ser sintomáticas (aparente) ou assintomáticas (inaparente). A forma assintomática é a mais frequente apresentação da tripanossomíase. Na primeira infância, a forma aguda pode apresentar mortalidade de 10%, devido à meningoencefalite e falência cardíaca (devido à miocardite aguda difusa). A manifestação aguda inicia quando o *T. cruzi* penetra na conjuntiva (sinal de Romaña) ou na pele (chagoma de inoculação), onde a maioria dos casos, apresentam a lesão entre 4-10 dias. Ocorre hiperplasia de tecido linfoide em linfonodos-satélites. O sinal de Romanã caracteriza-se por edema bipalpebral-unilateral, linfadenite-satélite, com linfonodos pré-auriculares, submandibular com aumento de volume. Outras manifestações gerais são verificadas, como febre, edema generalizado, hepatomegalia, esplenomegalia, insuficiência cardíaca.

Após a fase aguda da doença, os sobreviventes passam por um longo período assintomático (10 a 30 anos). Esta fase é chamada de indeterminada (latente). É caracterizada por positividade nos exames; ausência de sintomas; eletrocardiograma convencional; e coração, esôfago e cólon radiograficamente normais. A fase crônica sintomática pode ocorrer após a fase latente, apresentando sintomatologia relacionada ao sistema cardiorespiratório, digestivo ou ambos. Observa-se reativação intensa do processo inflamatório, com dano destes órgãos. Neste, a forma cardíaca da doença atinge cerca de 20 a 40% dos pacientes, apresentando insuficiência cardíaca-congestiva, e isto deve-se ao fato da diminuição da massa muscular do órgão. A forma digestiva está presente em menor número de casos (10 a 11% dos casos), caracterizando o megaesôfago e o megacólon. O megaesôfago pode surgir em qualquer idade, no entanto, o maior número de casos é entre 20 e 40 anos. Sinais como disfagia, odinofagia, dor retroesternal, regurgitação, soluço, tosse, ocorrem nestas situações. Pode ocorrer megacólon e outras patologias digestivas.

A doença de chagas ocasionada pela forma transfusional, na forma aguda, apresenta as condições muito semelhantes às adquiridas por meio do repasto sanguíneo realizado pelo triatomíneo. Entretanto, exceto a ausência do chagoma de inoculação. Na forma transfusional, a febre é o sintoma mais frequente, assim como linfadenopatia e esplenomegalia. A forma congênita da doença pode ocorrer em qualquer momento da gravidez (apresenta baixa frequência 2 a 10% dos casos), causando abortamento, partos prematuros, com nascimentos de bebês abaixo do peso.

A doença de chagas é considerada oportunista nos pacientes imunossuprimidos, principalmente nos pacientes HIV positivos. Nestes casos a doença pode apresentar o envolvimento do Sistema Nervoso Central, apresentando encefalite multifocal e tendem a apresentar necrose; forma tumoral da doença com múltiplas lesões necróticas hemorrágicas; e os parasitos são abundantes no sangue, interior de macrófagos, células gliais. Nestas situações é importante a realização do diagnóstico diferencial de *Toxoplasma gondii*.

A imunidade para *T. cruzi* pode ser verificada pelo sistema complemento inicialmente (potencializando a ação de C3 convertase em convertase C5 - complexo de ataque à membrana (MAC)), e imunidade Inata (muito evidente em aves que são refratárias - por apresentar via alternativa do complemento). A imunidade humoral ocorre pelo surgimento de IgM e IgG precoces, com níveis elevados. A imunidade celular ocorre por meio da ativação de células NK que produzem INF gama.

O diagnóstico pode ser de forma clínica, principalmente se houver sinais de Romaña ou chagoma de inoculação, assim como febre irregular, adenopatia satélite ou generalizada, hepatoesplenomegalia, taquicardia, edema generalizado ou dos pés. Adicionalmente, o diagnóstico laboratorial pode ser realizado: na fase aguda, alta parasitemia, presença de anticorpos inespecíficos, assim como outros métodos indiretos podem ser realizados. Na fase crônica, observa-se baixa parasitemia, presença de anticorpos específicos, métodos parasitológicos, podem ser realizados.

Denomina-se critério de cura aos parâmetros (clínico e laboratoriais) que são empregados para verificar a eficácia do tratamento de um paciente. Na fase crônica, os critérios clínicos são de valor limitado na fase crônica da infecção. Outros métodos podem ser auxiliares, como no parasitológico (xenodiagnóstico, hemocultura e PCR); sorológicos convencionais (RIFI, ELISA); sorologia não convencional (LMCo - lise mediada por complemento, e AATV - anticorpos anti-tripomastigotas).

A profilaxia para a doença de chagas ocorre por meio das melhorias de condições de vida e dos residentes de áreas rurais, minimizar os desmatamentos (locais de manutenção de potenciais reservatórios e vetor). Adicionalmente, o controle de doadores de sangue é importante. Todas as medidas acima citadas fazem parte de ações de vigilância epidemiológica da doença de chagas, realizadas por meio da Vigilância Epidemiológica (VE). O tratamento normalmente não apresenta boa eficácia, não promovem a cura definitiva em todos os pacientes. Em casos agudos, utiliza-se nifurtimox (Lampit) e benzimidazol (Rochagan).

Com relação à filariose humana, ou chamada de Filariose Linfática (LF), ocorre a partir da infecção por helmintos Nematodas, ordem Spirurida. Entre as centenas de espécies de filarídeos, duas possuem interesse médico: Onchocercidae e Dracunculidae. Entre as dez espécies que parasitam humanos, no Brasil são encontradas três, sendo *Wuchereria bancrofti*, *Onchocerca volvulus* e *Monsonella ozzardi*. A origem das filarioses ocasionadas por *W. bancrofti* é relacionada à Ásia, *O. volvulus* da África (relacionado ao tráfico de escravos – adaptados à locais semelhantes ao de origem) e *M. ozzardi* de casos autóctones. *Dirofilaria immitis* são nematodas filarídeos, cujos hospedeiros naturais são canídeos, domésticos e silvestres. Entretanto, casos humanos já foram descritos no Brasil.

*Wuchereria*, filarídeo, apresenta microfilárias liberadas pelas fêmeas e que alcançam a circulação. As microfilárias são ingeridas por insetos vetores (hospedeiros intermediários). Ao realizarem o repasto sanguíneo, transmitem o parasito para o hospedeiro definitivo.

A transmissão de *W. bancrofti*, *Brugia malayi* e *Brugia timori* ocorre pela picada do mosquito fêmea *Culex quinquefasciatus*, que no momento do repasto sanguíneo, estão infectados por larvas do parasito. Estima-se que existam 112 milhões de pessoas infectadas por *W. bancrofti* em todo o mundo. De acordo com Neves (2022), a Filariose Linfática (LF) ocasionada por estes helmintos, é uma enfermidade considerada negligenciada pela Organização Mundial da Saúde (OMS). Mais de 90% dos casos ocorrem a partir da infecção por *W. bancrofti*.

Em 1997, a OMS propôs a eliminação global do agente, até o ano 2020, por meio de dois fundamentos: eliminação da transmissão e o controle de pacientes portadores de sequelas. No Brasil, 11 cidades em seis estados foram atribuídas como foco de filariose em um inquérito epidemiológico realizado em 1950.

Atualmente, poucos locais do país são identificados com a doença. A redução do número de casos não esteve relacionada ao controle ambiental, mas ações realizadas para minimizar outros agravos, e que indiretamente, atuam no controle vetorial da doença. A oncocercose, ocasionada por *O. volvulus* possui ampla distribuição no continente africano, onde são encontrados 99% dos casos. No Brasil, focos isolados são encontrados no norte do país, estando próximo à eliminação do parasito.

O agente etiológico da FL nas Américas é a *W. bancrofti*, possuindo formas evolutivas em humanos (vertebrados) e mosquitos (invertebrados). A FL no continente americano e na África é ocasionada exclusivamente por *W. bancrofti*, onde a apresentação clínica na fase crônica é chamada de elefantíase.

Mosquitos da espécie *Culex quinquefasciatus*, ao sugarem sangue de pessoas parasitadas, ingerem as microfilárias. Após ingeridas, ao adentrarem a parede do estômago dos insetos, caem na cavidade do mosquito, transformando-se em L1 (denominada *larva salsichoide*), ou larva de primeiro estágio (Neves 2022). Estas larvas medem aproximadamente 300 µm (Brasil 2009).

Após 6 a 10 dias do repasto infectante, as fêmeas apresentam modificação para larvas de segundo estágio (L2) (Neves 2022). As larvas L2 apresentam tamanho duas vezes maior que o tamanho de L1 (Brasil 2009). Após 10-15 dias, esta larva transforma-se em larva infectante, larva L3 (medindo 1,5-2,0mm).

A larva L3 migra pelo mosquito, até alcançar a probóscida, concentrando-se no lábio do mosquito. Após o repasto sanguíneo, as larvas L3 escapam dos lábios do mosquito e migram para a solução de continuidade, migrando para vasos linfáticos. Após alguns meses, estas transformam-se em parasitos adultos, machos e fêmeas. As fêmeas grávidas, após fecundadas, produzem microfilárias (Neves 2009).

Os parasitos em sua forma adulta, apresentam corpo longo, delgado, branco leitoso, opacos, com cutícula lisa e sexos distintos. O macho mede de 3,5 a 4cm de comprimento, por 0,1mm de diâmetro. No entanto, a fêmea, possuí de 7 a 10cm de comprimento, por 0,3mm de diâmetro. A fêmea possui órgãos genitais duplos, exceto a vagina. Esta é exteriorizada em uma vulva, próxima à extremidade anterior do parasito. As formas adultas (machos e fêmeas) estão juntas e enoveladas em vasos e gânglios linfáticos, podendo sobreviver entre quatro a oito anos. Pernas, escroto, mamas, braços, são locais que podem estar presentes as formas adultas. Desta forma, estas regiões podem apresentar aumento de volume (Brasil 2009).

As microfilárias, conhecidas como embriões, são eliminadas pelos ductos linfáticos do hospedeiro, ganhando a circulação sanguínea para livre movimentação. O tamanho das microfilárias gira em torno de 250 a 300 µm, possuindo uma bainha de revestimento flexível. O diagnóstico diferencial para outros filarídeos dá-se pela presença da bainha em *W. bancrofti*.

Uma característica interessante das microfilárias é a periodicidade da presença delas em turnos distintos do dia. Normalmente, durante o dia, as microfilárias são encontradas em capilares profundos. Durante a noite e ao final da madrugada, as microfilárias podem ser detectadas em capilares periféricos, possibilitando a infecção de vetores em repasto sanguíneo.

As manifestações clínicas decorrentes da FL são diversas, podendo variar do indivíduo que não apresenta sinais clínicos aparentes, até indivíduos que apresentam sinais clínicos irreversíveis, como a elefantíase. O período de incubação da doença pode variar de meses a anos.

A resposta imune do hospedeiro, assim como a reação inflamatória, determina a apresentação da FL. Sabe-se que a evolução da doença é lenta e os sinais clínicos estão relacionados principalmente à vasodilatação. Dependendo do grau de parasitemia, pode ser verificada a presença de extravasamento de linfa, acumulando na parte afetada. A elefantíase por exemplo, ocorre o extravasamento de líquido entre o testículo e túnica vaginal (membrana que recobre o testículo), proporcionando a hidrocele. Quando o processo se torna crônico, nomeamos como elefantíase.

O diagnóstico da doença pode ocorrer de forma clínica e laboratorial. O diagnóstico clínico normalmente é difícil, pois pode apresentar outros diagnósticos diferenciais. Desta forma, a anamnese (avaliando a história clínica e epidemiológica), somados à exames laboratoriais e de imagem, podem direcionar para o clínico. Outro diagnóstico diferencial para *W. bancrofti* pode estar associada à *Mycobacterium leprae* e *Streptococcus pyogenes*.

O diagnóstico laboratorial é baseado na pesquisa de microfilárias em sangue periférico, por gota espessa, concentração de microfilárias, método de Knott. Outro diagnóstico laboratorial é a pesquisa de antígenos solúveis pelo método de ELISA. Testes sorológicos para pesquisa de anticorpos não são utilizados em situações de FL pois possuí baixa especificidade, por reações cruzadas com outros helmintos. Pode ser realizado a reação em cadeia da polimerase (PCR) com o objetivo de amplificar sequências específicas do DNA do parasito, em amostras de sangue e urina do paciente.

Além dos métodos descritos, pode ser realizada a pesquisa dos parasitos adultos por meio da ultrassonografia, principalmente nos vasos linfáticos escrotais. Pode ser realizado o diagnóstico da infecção no vetor, por métodos como dissecção e identificação microscópica do parasito.

Alguns fatores epidemiológicos podem contribuir para a manutenção de *W. bancrofti*, como a presença do vetor *Culex quinquefasciatus*, temperatura elevada (25-30°C), umidade relativa do ar alta (80-90%), pluviosidade mínima de 1.300mm$^3$ ao ano, altitude baixa (próximo do nível do mar) e taxa de infectividade dos mosquitos vetores. O controle e profilaxia baseia-se principalmente no tratamento de pessoas infectadas, combate ao inseto vetor e melhoria sanitária.

Dentre as parasitoses oculares, o complexo teniose-cisticercose ainda apresenta prevalência subestimada, apesar dos avanços de diagnóstico. Acredita-se que existam cerca de 77 milhões de pessoas parasitas por *T. saginata* no mundo, sendo que 32 milhões estão na África, 11 milhões na Ásia, 2 milhões na América do Sul e 1 milhão na América do Norte.

A toxoplasmose é uma doença com ampla distribuição mundial, com alta prevalência sorológica. Estima-se que mais de 80% da população de determinados países já entrou em contato com o parasito, em sua maioria, de forma subclínica.. Um ponto interessante desse parasito é ter sido encontrado no mesmo ano (1908) em dois países, na Tunísia por Nicolle e Manceaux, e no Brasil, por Splendore.

Além dos descritos anteriormente, dois filarídeos podem ser associados à infecção em globo ocular: *Loa loa* e *Onchocerca volvulus*. *Loa loa* é um filarídeos encontrado frequentemente no oeste e centro da África, no sul do Saara. Os parasitos adultos migram pelo tecido subcutâneo, incluindo a conjuntiva ocular. *Onchocerca volvulus*, agente da oncocercose humana é encontrado em diversos países, inclusive no Brasil. Embora 121 milhões de pessoas estejam em áreas endêmicas, o Programa de Eliminação da Oncocercose nas Américas (OEPA) concentra esforços para a eliminação do parasito no continente. A doença é conhecida como cegueira dos rios.

Outro parasito que pode ser considerado para a infecção ocular são amebas de vida livre, do gênero *Acanthamoeba*. Pertencem ao reino Protozoa, ordem Amoebida, família Acanthamoebidae.

Dentro da classe cestoda, *Taenia solium* e *Taenia saginata* são os cestodas de amplo conhecimento, pertencentes à família Taenidae. Estes dois parasitos são os agentes etiológicos do complexo teniose-cisticercose. São considerados hermafroditas, parasitam animais vertebrados, apresentam o corpo dorsoventralmente achatados, providos de órgão de adesão na extremidade mais estreita, sem cavidade geral e sem sistema digestório.

Em países com condições sanitárias, socioeconômicas e culturais precárias, a teníase-cisticercose é considerada um problema de saúde pública, pois as condições contribuem para a transmissão. Dentro do aspecto produtivo, carcaças de bovinos infectadas podem ser condenadas durante a inspeção veterinária do serviço oficial de abate.

A teniose é compreendida pela forma adulta da *T. solium* ou *T. saginata* no intestino delgado do hospedeiro definitivo, sendo os seres humanos. A cisticercose é a considerada pela presença da larva em tecidos dos hospedeiros intermediários, respectivamente suínos e bovinos. Cães, gatos, macacos e seres humanos podem abergar a forma larvária de *T. solium*.

A morfologia de *T. saginata* e *T. solium* apresentam corpo achatado, forma de fita, dividido em escólex ou cabeça, colo ou pescoço e estróbilo ou corpo. Apresentam cor branco leitosa, com a extremidade anterior bastante afilada. As diferenças entre as estruturas, entre as duas espécies, podem ser visualizadas no quadro abaixo:

Dentre as formas parasitárias, o cisticerco compreende a forma de permanência do parasito no sistema nervoso central. O cisticerco da *T. solium* é constituído de uma vesícula translúcida com líquido claro, contendo em seu interior o escólex com quatro ventosas, rostelo e colo. No entanto, o cisticerco de *T. saginata* é diferenciado por não apresentar o rostelo. Em ambos, a constituição do cisticerco é identificada pela presença de três membranas (externa, intermediária e interna). Podem chegar até 12mm de comprimento após 4 meses de infecção. Entretanto, em humanos, o cisticerco apresentar viabilidade por vários anos. Dentre este tempo, podem ser observadas modificações anatômicas, até a completa calcificação da larva: estágio vesicular, compreendido pela presença de líquido transparente, incolor e hialino, podendo permanecer ativo de pendendo da resposta imune do hospedeiro; estágio coloidal, presença de líquido vesicular turvo; estágio granular, membrana espessa, gel vesicular com deposição de cálcio, escólex com estrutura em aspecto granular; estágio granular calcificado, o cisticerco apresenta calcificação e tamanho bem reduzido.

Humanos liberam em suas fezes proglotes grávidas, cheias de ovos para o exterior. Após a liberação de milhares de ovos, em ambiente úmido e protegido de luz intensa, os ovos podem apresentar a possibilidade de infecção por meses. Hospedeiros intermediários ingerem os ovos (suínos – *T. solium*, bovinos – *T. saginata*), sofrem ação da pepsina. No intestino, as oncoesferas sofrem ação dos sais biliares. Após ativadas, as oncosferas liberam o embióforo e apresentam movimentação no sentido das vilosidades, penetrando com auxílio de ganchos. Após quatro dias, penetram as vênulas e alcançam as veias e os vasos linfáticos mesentéricos, sendo transportados por todos os órgãos e tecidos do organismo. Posteriormente, atravessam o vaso e permanecem em tecidos circunvizinhos.

As oncoesferas apresentam desenvolvimento em qualquer tecido mole (pele, músculos esqueléticos, cardíaco, olhos, cérebro), preferindo locais com maior oxigenação, como masseter, língua, coração e cérebro. No interior do tecido, perdem os ganchos (*exceto T. solium*), formando um cisticerco delgado e translúcido, que começa a crescer. Podem chegar a 12 mm de comprimento em cinco meses de infecção. Humanos adquirem a infecção pela ingestão de carne crua ou malcozida de bovinos e suínos.

A cisticercose humana ocorre por meio da ingestão acidental de ovos viáveis de *T. solium* eliminados de indivíduos portadores da teniose. A autoinfecção externa pode ocorrer pelo contato dos ovos (excretados pelo próprio indivíduo) com a boca (coprofagia). A autoinfecção interna pode ocorrer durante vômitos ou movimentos retroperistálticos, proporcionando o retorno de ovos para dentro do estômago. A heteroinfecção ocorre quando humanos ingerem alimentos ou água contaminados com ovos de *T. solium* que estão contaminando o ambiente, oriundo de outro hospedeiro.

A imunidade ainda não é bem estabelecida para esta parasitose. Os antígenos de cisticerco induzem aumento da concentração de imunoglobulinas IgG, IgM, IgA e IgE em pacientes com neurocisticercose. A concentração de anticorpos pode depender do estágio de desenvolvimento do parasita e a localização anatômica. A taenistatina, antígeno do parasito, inibe as vias clássicas e alternativas do sistema complemento. Além disso, há alteração na proliferação de linfócitos e na função de macrófagos, interferindo na resposta celular.

O diagnóstico da cisticercose é baseado na avaliação dos aspectos clínicos, epidemiológicos e laboratoriais. Procedência do paciente, criação inadequada de suínos, hábitos higiênicos, serviço de saneamento básico, qualidade da água, ingestão de carne malcozida, são questionamentos a serem realizados. O cisticerco pode ser identificado a partir de exame oftalmoscópico de fundo de olho. A lesão cística, hipodensa (em avaliação tomográfica), com contornos bem delimitados e com escólex em seu interior, correspondem ao cisticerco ativo. Características homogêneas podem ser indicativos de degeneração do cisticerco, e posteriormente, pode ocorrer deposição progressiva de cálcio. Mais de um estágio do parasito pode ser encontrado em um único hospedeiro.

*Onchocerca volvulus* é um parasito filarídeo, encontrado em 34 países, sendo o Brasil um destes países. Atualmente, o Programa de Eliminação da Oncocercose nas Américas (OEPA) determina ações para o controle da doença. Aproximadamente 121 milhões de pessoas vivem em áreas endêmicas, sob o risco de infecção. A doença é conhecida como cegueira dos rios devido a abundância dos vetores (borrachudos) estarem próximos das margens dos rios. O parasito vive em nódulos fibrosos em tecido subcutâneo de humanos, e possuem normalmente um macho e uma fêmea por nódulo. Os nódulos normalmente são encontrados no couro cabeludo, mas pode ocorrer em outras áreas do corpo. No Brasil, o vetor associado à infecção é o *Similium guianense* ou *S. oyapockense*.

As fêmeas medem entre 30 a 50 cm e os machos entre 2 e 4 cm. As microfilárias não apresentam bainha de revestimento, como o que ocorre com *W. bancrofti* (outro filarídeo de importância médica), e medem aproximadamente 300 µm de comprimento. Circulam em vasos linfáticos superficiais e podem ser encontradas na conjuntiva bulbar. Diferentemente de *W. bancrofti,* não apresentam periodicidade, sendo eventualmente encontradas em alguns órgãos. As microfilárias podem permanecer até 24 meses nestes locais.

Assim como *W. bancrofti*, o ciclo deste parasito é considerado heteroxênico, tendo humanos e dípteros fêmeas do gênero *Simulium* o envolvimento no ciclo. No Brasil. São popularmente conhecidos como borrachudos ou piuns. As fêmeas deste gênero comumente realizam o repasto sanguíneo durante o dia, enquanto o vetor de *W. bancrofti* realiza nos períodos noturnos. Normalmente as picadas de *Similium* são indolores, ou podem ocasionar pequenos incômodos, como prurido, edema, reações alérgicas e/ou hipertemia.

Quando as fêmeas realizam o repasto sanguíneo, elas ingerem as microfilárias que vão ao intestino. Após, ocorre migração, transformando-se em L1. Em 1 semana, as larvas L1 transformam-se em L2, e em alguns dias, transformam-se em L3. Em condições ideais de temperatura (25 a 30°C) e umidade (acima de 80% de umidade), o desenvolvimento do protozoário no hospedeiro vertebrado pode ser de 10 a 12 dias. Da mesma forma que *W. bancrofti*, *O. volvulus* migra até a probóscida do vetor para serem inoculadas em um repasto sanguíneo. No hospedeiro vertebrado (humanos), os parasitos adultos são detectados em tecidos subcutâneos. Após fecundação, os parasitos adultos podem gerar microfilárias em aproximadamente 1 ano após a infecção. O que podemos observar para este ciclo é um período pré-patente longo.

As manifestações clínicas ocorrem principalmente pelas microfilárias. Estas deslocam-se pelo tecido subcutâneo, e quando morrem, ocasionam prurido pelas infecções secundárias. A forma mais grave de apresentação da doença é ocasionar cegueira. As manifestações clínicas ocorrem após 1 a 3 anos da infecção.

O diagnóstico da infecção por *O. volvulus* é de baixa sensibilidade em testes de detecção em circulação sanguínea. Desta forma, o teste diagnóstico de gota espessa (realizado para *W. bancrofti*) não é realizado. O diagnóstico é baseado na identificação das microfilárias ou do parasito adulto, por meio de biópsias de pele. Diagnóstico molecular pode ser realizado, como, por exemplo, PCR e imunológicos (teste rápido). Este último é empregado para trabalhos de campo pela facilidade e aplicabilidade.

Como a oncercose não é uma doença frequente no Brasil (cegueira por oncocercose é considerada eliminada nas Américas deste 1995). A epidemiologia da parasitose é baseada em três elos fundamentais: o humano parasitado, a fonte de infecção (a presença do vetor *Similium*) e o humano susceptível. A profilaxia da doença ocorre por meio do tratamento de pessoas infectadas e o combate aos insetos vetores com uso de larvicidas e inseticidas.

*Toxoplasma gondii* pode ser encontrado em vários tecidos, células (exceto hemácias) e líquidos orgânicos. As formas infectantes que o parasito apresente durante o ciclo biológico são: taquizoítos, bradizoítos e esporozoítos. As três formas apresentam organelas citoplasmáticas características do filo Apicomplexa, compreendendo o complexo apical. A invasão do parasito em células requer a motilidade e liberação controlada de proteínas e lipídeos das organelas do complexo apical. Por adesão da parte apical e secreções de proteínas secretadas por micronemas, o parasito adentra as células. Posteriormente, é formado o vacúolo parasitóforo. Recentemente foi descrita uma nova estrutura, denominada apicoplasto, essencial para a sobrevivência intracelular do parasito, assim como biossíntese de aminoácidos e ácidos graxos.

No globo ocular, a forma infectante de bradizoítos de *T. gondii* são encontradas durante a fase crônica da infecção. São encontrados dentro do vacúolo parasitóforo de uma célula. Apresentam multiplicação lenta dentro do cisto, por endodiogenia ou endopoligenia. Apresentam evasão do sistema imune por apresentarem uma parede resistente e elástica, podendo permanecer viáveis nos tecidos por vários anos.

O ciclo assexuado do parasito, compreendido no hospedeiro intermediário, ocorre após a ingestão de oocistos esporulados, alimentos com cistos teciduais, e raramente, taquizoítos eliminados no leite. Caso os taquizoítos não sejam inativados pelo suco gástrico, ou penetrem a mucosa oral, poderão evoluir para bradizoítos e esporozoítos. Ambas as formas (bradizoítos e esporozoítos) sofrem intensa multiplicação intracelular, possibilitando o rompimento celular, transformação em taquizoítos, e novamente, processo de invasão e multiplicação intracelular (fase proliferativa). Com o desenvolvimento da resposta imune por IFNγ e IL12, os taquizoítos são eliminados. Caso permaneçam viáveis, diferenciam-se em bradizoítos para a formação de cistos.

Os níveis elevados de IL12 induz as células natural killer (NK) a secretarem IFNγ, e em conjunto com TNFα, potencializam a atividade toxoplasmicida de macrófagos. Adicionalmente, níveis elevados de IL12 possibilitam a diferenciação de linfócitos TCD4, com perfil Th1, enquanto TCD8 possibilitam a memória imune de longa duração (atuando em sinergismo com TCD4).

A patogenia com foco em globo ocular, ocorre por meio da apresentação de coriorretinite (ou retinocoroidite). É caracterizada pela infecção aguda da doença com a presença de taquizoítos, proporcionando as lesões de retina e coroide. Os taquizoítos podem chegar até este local por meio da migração de macrófagos circulantes, ou por meio da corrente sanguínea. Podem ser liberados das células e invadir a retina adjacente. A toxoplasmose ocular é caracterizada como um foco coagulativo e necrótico na retina. Pacientes imunossuprimidos com HIV/AIDS, por exemplo, apresentam inflamação e grande número de parasitos no local. Adicionalmente, as lesões podem evoluir para cegueira parcial ou total. As bordas da cicatrização são frequentemente hiperpigmentadas como resultado da ruptura do pigmento retinal do epitélio, podendo apresentar cistos teciduais que podem apresentar recidivas em pacientes crônicos.

O diagnóstico é baseado basicamente pela avaliação dos sinais clínicos, pesquisa de anticorpos e exame de fundo de olho. Adicionalmente, pode ser realizado o cálculo de Goldmann-Witmer, buscando avaliar o coeficiente de anticorpos no humor aquoso e no soro. Da mesma forma, ELISA pode ser aplicado para a comparação de IgG em ambas as amostras, e compará-las. A concentração de anticorpos deve ser maior no humor aquoso, caso a alteração ocular tenha sido ocasionada por *T. gondii*.

*Loa loa* é um filarídeo que parasita tecido subcutâneo em humanos quando adulto. São responsáveis pelo surgimento de tumores temporários, denominados de tumores de Calabar. Dentre as migrações, podem migrar para a conjuntiva ocular. Os machos medem 3cm de comprimento, e as fêmeas, 5 e 7 cm. As microfilárias possuem bainha de revestimento, com periodicidade diurna no sangue periférico. Estas, medem entre 230 e 250 µm de comprimento. Possuem hospedeiros invertebrados, do gênero *Chrysops*, onde somente as fêmeas são hematófagas. Larvas de terceiro estágio (entre 10 e 12 dias) migram para a probóscida de tabanídeos. O período pré-patente é de 1 ano, e os parasitos adultos podem sobreviver até 10 anos.

Normalmente, os parasitos estão localizados em pernas, braços e mãos. No entanto, vermes adultos e microfilárias podem migrar para a conjuntiva ocular, atingir a câmara anterior do olho e tecido subcutâneo das pálpebras, produzindo sintomas como dor ocular, prurido e lacrimejamento. Para tanto, deve-se realizar a remoção cirúrgica do parasito adulto.

A *larva migrans visceral* é uma síndrome relacionada a migrações de larvas de nematódeos em tecido humano. Como humanos não são hospedeiros preferenciais, as larvas morrem depois de longa permanência. Caso migre para o globo ocular, a síndrome é intitulada como *larva migrans ocular*. *Toxocara canis* é o nematoda do trato gastrointestinal de cães, que apresenta maiores possibilidades de ocasionar a infecção em humanos. Entretanto, *G. spinigerum*, *T. cati* e *A. caninum*, *Ascaris suum* e *Angiostrongylus cantonensis*, podem provocar estas síndromes.

*Toxocara canis* apresenta distribuição cosmopolita, podendo as fêmeas excretaram milhares de ovos ao dia, onde a larva pode alcançar o estágio L3 dentro do ovo em 28 dias (em condições favoráveis). Cães são infectados a partir da ingestão dos ovos contendo L3, eclodem no intestino delgado, atravessam a parede intestinal, pela circulação alcançam o fígado, coração, pulmão (muda para L4), são deglutidas. No intestino crescem e alcançam a maturidade sexual em 4 semanas. Ao decorrer da infecção, os cães desenvolvem resposta imune (aproximadamente 6 meses). Desta forma, em próximas infecções, as larvas seguem para a circulação arterial e são distribuídas em diversos tecidos, permanecendo em quiescência.

Em humanos, a infecção pode ocorrer por meio da ingestão de água contaminada com ovos contendo a L3, e em menor frequência, por meio da ingestão de carnes de hospedeiros paratênico. Após a ingestão do ovo, ocorre o rompimento e liberação da larva L3, penetrando a parede intestinal, alcançam a circulação e migram para todo o organismo. Por capilares adjacentes, podem migrar para pulmão, coração, medula óssea, e olhos. Nestes, fazem migração, proporcionando granuloma alérgico (parasito inativado cercado por infiltrado rico em eosinófilo e monócitos.

Assim como para *larva migrans cutânea*, a *larva migrans visceral* irá apresentar sinais clínicos relacionados à área de infecção. A apresentação de sinais depende da quantidade de larvas presentes, do órgão afetado e da resposta imune do hospedeiro. A *larva migrans visceral* apresenta classicamente leucocitose, hipereosinofilia, hepatomegalia e linfadenite. Dependendo do acometimento pulmonar, pode ocorrer apresentação de sinais respiratórios. O acometimento do sistema nervoso pode estar relacionado a sinais clínicos de ataques epileptiformes, meningite e encefalite. Já foi associado que larvar de *T. canis* possam veicular vírus da poliomielite, assim como outros agentes que possam ocasionar meningoencefalite. Também podem apresentar sinais dermatológicos em decorrência da migração, sendo prurido crônico, eczema, paniculite e vasculite os sinais associados.

A *larva migrans ocular* é ocasionada pela presença da larva no globo ocular. Inicialmente foram realizadas enucleações em decorrência das lesões, por suspeita de retinoblastoma. Acredita-se que esta forma clínica ocorra quando ocorra a ingestão de um pequeno número de ovos do parasito. Em infecções maiores, aumento de eosinófilos e anticorpos, propiciariam a manutenção da larva no fígado e pulmão. A maioria das infecções oculares são unilaterais.

O diagnóstico da *larva migrans visceral* é difícil, sendo necessária a avaliação detalhada da anamnese de cada caso. Desta forma, o diagnóstico é baseado no histórico do paciente, sinais clínicos, e resultado imunodiagnóstico.

A oncocercose é outra parasitose que pode acometer o globo ocular de humanos. Os parasitos apresentam dimorfismo sexual, sendo encontrados em nódulos fibrosos em tecido subcutâneo de humanos, tendo um casal por nódulo, geralmente. As fêmeas medem 30 e 50cm, e machos, entre 2 e 4cm. As microfilárias medem 300 µm de comprimento e não apresentam bainha de revestimento. São encontradas no sangue e não apresentam periodicidade, podendo sobreviver por até 24 meses. O ciclo é heteroxênico, tendo o envolvimento de humanos e dípteros do gênero *Similium* (fêmeas). As fêmeas realizam repasto sanguíneo durante o dia, das quais são consideradas indolores inicialmente, e posteriormente, proporcionam sinais característicos com reação alérgica. No momento do repasto, ingerem microfilárias, migram para o tórax do inseto (L1). Em um dia, L1 transforma-se em L2, em alguns dias, L3 infectante. O desenvolvimento do parasito no hospedeiro invertebrado ocorre em 10 a 12 dias. As microfilárias migram para a probóscida para infectar um novo hospedeiro. Após 1 ano de infecção, os adultos liberam novas microfilárias no hospedeiro, caracterizando um período pré-patente longo. Um casal pode viver entre 10 a 12 anos, liberando 1000 microfilárias ao dia.

A oncocercose em humanos pode ocasionar lesões oculares, constituindo a manifestação clínica mais grave do parasito, podendo levar o indivíduo à cegueira. Anteriormente, distúrbios como cegueira noturna, redução do campo visual periférico e diminuição da acuidade visual, são detectados. Todos os tecidos do globo ocular podem ser invadidos pelas microfilárias, exceto o cristaino.

Quando morrem, determinação a alteração conhecida como ceratite *punctata*, posteriormente, ceratite esclerosante coom opacificação da córnea. As lesões oculares ocorrem em regiões com endemicidade alta e parasitemia alta do indivíduo.

O diagnóstico pode ser realizado de forma clínica, pela sintomatologia do paciente, assim como laboratorial, por meio da identificação de microfilárias ou parasito adulto.

A dirofilariose humana em globo ocular é causada pelo nematoide *Dirofilaria immitis*, que possui um ciclo epidemiológico complexo, envolvendo principalmente cães como hospedeiros definitivos. O ciclo inicia-se quando um mosquito fêmea do gênero *Aedes* ou *Culex* pica um cão infectado, ingerindo microfilárias presentes no sangue. Dentro do mosquito, as microfilárias se desenvolvem em larvas infectantes (L3) em um período de 10 a 14 dias. Quando o mosquito pica um humano, as larvas podem ser introduzidas na corrente sanguínea, embora a infecção em humanos seja acidental e raramente leve à maturação do parasita.

Após a introdução das larvas no organismo humano, elas podem migrar para diferentes tecidos, incluindo o globo ocular, onde podem causar dirofilariose ocular. A infecção ocular é mais comum em regiões onde a prevalência de cães infectados e mosquitos vetores é alta, como em áreas tropicais e subtropicais. A patogenicidade do *Dirofilaria immitis* em humanos é limitada, e a maioria das infecções permanece assintomática. No entanto, em alguns casos, a presença do parasita no olho pode levar a inflamação, dor e até perda de visão, exigindo diagnóstico e tratamento adequados.

A compreensão do ciclo epidemiológico é fundamental para a prevenção da dirofilariose ocular, que inclui o controle da população de mosquitos e a profilaxia em cães, reduzindo assim o risco de transmissão ao ser humano. Segundo Almeida et al. (2021), "a vigilância epidemiológica e o controle de vetores são essenciais para minimizar a incidência de dirofilariose em humanos" (p. 78).

O gênero *Acanthamoeba* podem ser isoladas a partir de fontes de água, solo, poeira, ar condicionado, culturas celulares, plantas e nasofaringe de pessoas imunossuprimidas, principalmente. A partir da análise do gene 18S rRNA, o gênero apresenta mais de 24 espécies, divididas em 20 genótipos, sendo o T4 o mais prevalente. São considerados oportunistas, podendo proporcionar lesões cutâneas, ceratites e encefalite amebiana granulotomatosa. Apresentam dois estágios em seu ciclo biológico, o trofozoíto ativo (12 a 40 μm de diâmetro), com citoplasma granular, vacúolos digestivos e contráteis, núcleo central e projeções citoplasmáticas denominadas acantopódios, envolvidos na adesão, alimentação e movimentação (Figura 1), e a forma latente, o cisto (10 a 25 μm de diâmetro), caracterizado por parede dupla (endo e ectocisto), composta principalmente por carboidratos, proteínas e lipídios (Castrillón e Orozco, 2013).

O agente etiológico da FL nas Américas é a *W. bancrofti*, possuindo formas evolutivas em humanos (vertebrados) e mosquitos (invertebrados). A FL no continente americano e na África é ocasionada exclusivamente por *W. bancrofti*, onde a apresentação clínica na fase crônica é chamada de elefantíase.

Mosquitos da espécie *Culex quinquefasciatus*, ao sugarem sangue de pessoas parasitadas, ingerem as microfilárias. Após ingeridas, ao adentrarem a parede do estômago dos insetos, caem na cavidade do mosquito, transformando-se em L1 (denominada *larva salsichoide*), ou larva de primeiro estágio (Neves 2022). Estas larvas medem aproximadamente 300 μm (Brasil 2009).

Após 6 a 10 dias do repasto infectante, as fêmeas apresentam modificação para larvas de segundo estágio (L2) (Neves 2022). As larvas L2 apresentam tamanho duas vezes maior que o tamanho de L1 (Brasil 2009). Após 10-15 dias, esta larva transforma-se em larva infectante, larva L3 (medindo 1,5-2,0mm).

A larva L3 migra pelo mosquito, até alcançar a probóscida, concentrando-se no lábio do mosquito. Após o repasto sanguíneo, as larvas L3 escapam dos lábios do mosquito e migram para a solução de continuidade, migrando para vasos linfáticos. Após alguns meses, estas transformam-se em parasitos adultos, machos e fêmeas. As fêmeas grávidas, após fecundadas, produzem microfilárias (Neves 2009).

Os parasitos em sua forma adulta, apresentam corpo longo, delgado, branco leitoso, opacos, com cutícula lisa e sexos distintos. O macho mede de 3,5 a 4cm de comprimento, por 0,1mm de diâmetro. No entanto, a fêmea, possuí de 7 a 10cm de comprimento, por 0,3mm de diâmetro. A fêmea possui órgãos genitais duplos, exceto a vagina. Esta é exteriorizada em uma vulva, próxima à extremidade anterior do parasito. As formas adultas (machos e fêmeas) estão juntas e enoveladas em vasos e gânglios linfáticos, podendo sobreviver entre quatro a oito anos. Pernas, escroto, mamas, braços, são locais que podem estar presentes as formas adultas. Desta forma, estas regiões podem apresentar aumento de volume (Brasil 2009).

As microfilárias, conhecidas como embriões, são eliminadas pelos ductos linfáticos do hospedeiro, ganhando a circulação sanguínea para livre movimentação. O tamanho das microfilárias gira em torno de 250 a 300 μm, possuindo uma bainha de revestimento flexível. O diagnóstico diferencial para outros filarídeos dá-se pela presença da bainha em *W. bancrofti*.

Uma característica interessante das microfilárias é a periodicidade da presença delas em turnos distintos do dia. Normalmente, durante o dia, as microfilárias são encontradas em capilares profundos. Durante a noite e ao final da madrugada, as microfilárias podem ser detectadas em capilares periféricos, possibilitando a infecção de vetores em repasto sanguíneo (Figura 2).

As manifestações clínicas decorrentes da FL são diversas, podendo variar do indivíduo que não apresenta sinais clínicos aparentes, até indivíduos que apresentam sinais clínicos irreversíveis, como a elefantíase. O periodo de incubação da doença pode variar de meses a anos.

A resposta imune do hospedeiro, assim como a reação inflamatória, determina a apresentação da FL. Sabe-se que a evolução da doença é lenta e os sinais clínicos estão relacionados principalmente à vasodilatação. Dependendo do grau de parasitemia, pode ser verificada a presença de extravasamento de linfa, acumulando na parte afetada. A elefantíase por exemplo, ocorre o extravasamento de líquido entre o testículo e túnica vaginal (membrana que recobre o testículo), proporcionando a hidrocele. Quando o processo se torna crônico, nomeamos como elefantíase.

O diagnóstico da doença pode ocorrer de forma clínica e laboratorial. O diagnóstico clínico normalmente é difícil, pois pode apresentar outros diagnósticos diferenciais. Desta forma, a anamnese (avaliando a história clínica e epidemiológica), somados à exames laboratoriais e de imagem, podem direcionar para o clínico. Outro diagnóstico diferencial para *W. bancrofti* pode estar associada à *Mycobacterium leprae* e *Streptococcus pyogenes*.

O diagnóstico laboratorial é baseado na pesquisa de microfilárias em sangue periférico, por gota espessa, concentração de microfilárias, método de Knott. Outro diagnóstico laboratorial é a pesquisa de antígenos solúveis pelo método de ELISA. Testes sorológicos para pesquisa de anticorpos não são utilizados em situações de FL pois possuí baixa especificidade, por reações cruzadas com outros helmintos. Pode ser realizado a reação em cadeia da polimerase (PCR) com o objetivo de amplificar sequências específicas do DNA do parasito, em amostras de sangue, urina do paciente.

Além dos métodos descritos, pode ser realizada a pesquisa dos parasitos adultos por meio da ultrassonografia, principalmente nos vasos linfáticos escrotais. Pode ser realizado o diagnóstico da infecção no vetor, por métodos como dissecção e identificação microscópica do parasito.

Alguns fatores epidemiológicos podem contribuir para a manutenção de *W. bancrofti*, como a presença do vetor *Culex quinquefasciatus*, temperatura elevada (25-30°C), umidade relativa do ar alta (80-90%), pluviosidade mínima de 1.300mm$^3$ ao ano, altitude baixa (próximo do nível do mar) e taxa de infectividade dos mosquitos vetores. O controle e profilaxia baseia-se principalmente no tratamento de pessoas infectas, combate ao inseto vetor e melhoria sanitária.

Outros filarídeos de importância na medicina humana é o *Onchocerca volvulus*. Este parasito é encontrado em 34 países, incluindo o Brasil. Atualmente, o Programa de Eliminação da Oncocercose nas Américas (OEPA). Atualmente, 121 milhões de pessoas vivem em áreas endêmicas, sob o risco de infecção.

A doença é conhecida como cegueira dos rios devido a abundância dos vetores (borrachudos) estarem próximo das margens dos rios. O parasito vive em nódulos fibrosos em tecido subcutâneo de humanos, e possuem normalmente um macho e uma fêmea por nódulo. Os nódulos normalmente são encontrados no couro cabeludo, mas pode ocorrer em outras áreas do corpo. No Brasil, o vetor associado à infecção é o *Similium guianense* ou *S. oyapockense*.

As fêmeas medem entre 30 a 50 cm e os machos entre 2 e 4 cm. As microfilárias não apresentam bainha de revestimento, como o que ocorre com *W. bancrofti*, e medem aproximadamente 300 μm de comprimento. Circulam em vasos linfáticos superficiais e podem ser encontradas na conjuntiva bulbar. Diferentemente de *W. bancrofti,* não apresentam periodicidade, sendo eventualmente encontradas em alguns órgãos. As microfilárias podem permanecer até 24 meses nestes locais.

Assim como *W. bancrofti*, o ciclo deste parasito é considerado heteroxênico, tendo humanos e dípteros fêmeas do gênero *Simulium* o envolvimento no ciclo. No Brasil. São popularmente conhecidos como borrachudos ou piuns. As fêmeas deste gênero comumente realizam o repasto sanguíneo durante o dia, enquanto o vetor de *W. bancrofti* realiza nos períodos noturnos.

Normalmente as picadas de *Similium* são indolores, ou podem ocasionar pequenos incômodos, como prurido, edema, reações alérgicas e/ou hipertemia.

Quando as fêmeas realizam o repasto sanguíneo, elas ingerem as microfilárias que vão ao intestino. Após, ocorre migração, transformando-se em L1. Em 1 semana, as larvas L1 transformam-se em L2, e em alguns dias, transformam-se em L3. Em condições ideais de temperatura (25 a 30°C) e umidade (acima de 80% de umidade), o desenvolvimento do protozoário no hospedeiro vertebrado pode ser de 10 a 12 dias. Da mesma forma que *W. bancrofti*, *O. volvulus* migra até a probóscida do vetor para serem inoculadas em um repasto sanguíneo. No hospedeiro vertebrado (humanos), os parasitos adultos são detectados em tecidos subcutâneos. Após fecundação, os parasitos adultos podem gerar microfilárias em aproximadamente 1 ano após a infecção. O que podemos observar para este ciclo é um período pré-patente longo.

As manifestações clínicas ocorrem principalmente pelas microfilárias. Estas deslocam-se pelo tecido subcutâneo, e quando morrem, ocasionam prurido pelas infecções secundárias. A forma mais grave de apresentação da doença é ocasionar cegueira. As manifestações clínicas ocorrem após 1 a 3 anos da infecção.

O diagnóstico da infecção por *O. volvulus* é de baixa sensibilidade em testes de detecção em circulação sanguínea. Desta forma, o teste diagnóstico de gota espessa (realizado para *W. bancrofti*) não é realizado. O diagnóstico é baseado na identificação das microfilárias ou do parasito adulto, por meio de biópsias de pele. Diagnóstico molecular pode ser realizado, como por exemplo PCR e imunológicos (teste rápido). Este último é empregado para trabalhos de campo pela facilidade e aplicabilidade.

Como a oncercose não é uma doença frequente no Brasil (cegueira por oncocercose é considerada eliminada nas Américas deste 1995). A epidemiologia da parasitose é baseada em três elos fundamentais: o humano parasitado, a fonte de infecção (a presença do vetor *Similium*) e o humano susceptível. A profilaxia da doença ocorre por meio do tratamento de pessoas infectadas e o combate aos insetos vetores com uso de larvicidas e inseticidas.

*Mansonella ozzardi* é o único filarídeos humano autóctone das Américas. Esse parasito foi descrito inicialmente no Brasil pela pesquisadora Maria Deane, em 1949. No Brasil, os focos estão em Amazonas, Roraima, Mato Grosso. A mansonelose afeta principalmente o gênero masculino, mais idosos, a que possuem atividades ligadas a áreas rurais em margem de rios.

A fêmea do parasito mede entre 6 e 8cm de comprimento, enquanto o macho mede de 2,5 e 3cm. Possuem longevidade aproximada de 6 a 8 anos. Em humanos, os parasitos adultos são encontrados no mesentério e membranas serosas da cavidade abdominal do hospedeiro. Entretanto, as microfilárias são consideradas pequenas e não possuem bainha de revestimento (200 μm de comprimento) e são encontradas em sangue periférico dos humanos, sem apresentar periodicidade. A transmissão ocorre pelo repasto de dípteros do gênero *Culicoides* (chamado de mosquito pólvora). Além deste simulídeos também podem apresentar papel vetorial da doença.

Nos hospedeiros invertebrados, as microfilárias torna-se L3 em um período de aproximadamente 9 a 14 dias. Assim como os vetores descritos anteriormente, ao realizarem o repasto sanguíneo, fazem a inoculação das larvas, que irão tornar-se adultas em um período de 1 ano. A maior parte das infecções são assintomáticas, no entanto, pode ocasionar sinais clínicos como febre, cefaleia, dores articulares, adenite, e edemas de membros inferiores. O diagnóstico é realizado mediante a identificação das microfilárias no sangue, coletados em qualquer hora do dia, utilizando as mesmas técnicas que já foram descritas para *W. bancrofti* (gota espessa ou esfregaço sanguíneo). Outras técnicas moleculares podem ser empregadas, como a PCR.

*Mansonella perstans* foi descrita no Brasil, na região do Alto Rio Negro, Amazonas. Macho possui 4cm e a fêmea aproximadamente 8cm. Adultos vivem no mesentério e cavidade peritoneal de humanos. Não possuem bainha, não possuem periodicidade, e diferem de *M. ozzardi* por possuírem núcleos caudais em duas fileiras (enquanto *M. ozzardi* possui em uma fileira). Apresenta maior ocorrência em indivíduos jovens do gênero masculino. A transmissão ocorre como nos outros filarídeos já descritos, e neste caso, os vetores são do gênero *Culicoides*. A maioria das infecções cursam de forma assintomática, tendo como diagnóstico as mesmas metodologias descritas para *W. brancofti*.

*Dirofilaria immitis* é um filarídeo comumente encontrado em canídeos e felídeos, ocasionando a dirofilariose. A dirofilariose possui ampla distribuição geográfica, possuindo maior número de casos em regiões tropicais, subtropiacais. Neste sentido, regiões costeiras são associadas à presença do vetor. Nos hospedeiros definitivos (canídeos e felídeos), o parasito adulto está localizado no coração (ventrículo direito) e artéria pulmonar. As microfilárias possuem 220-330 µm de comprimento, não possuem periodicidade circadiana. Os hospedeiros intermediários são mosquitos *Culex, Aedes, Anopheles, Mansonia* e *Psorophora*. O desenvolvimento da larva ocorre da mesma forma como nos vetores e agentes descritos anteriormente. Entretanto, o tempo para a L3 infectante estar na probóscida é de 10 a 15 dias. O diagnóstico em animais ocorre por meio da pesquisa de microfilárias em sangue, assim como descritas para *W. brancofti*.

Quando o parasito infecta humanos, o ciclo não se completa até a fase adulta. Larvas L4 morrem no coração e são carreadas para os pulmões pela artéria pulmonar. A apresentação clínica em humanos pode ser apresentação de nódulos pulmonares e sinais de embolismo pulmonar. Um diagnóstico diferencial para esta parasitose em humanos pode ser câncer de pulmão. Embora acredite-se que esta parasitose seja subdiagnosticada, 250 casos já foram descritos na literatura, sendo que 133 ocorreram nos EUA e 50 casos no Brasil. Em humanos, o diagnóstico pode ocorrer por meio de exames de imagem principalmente.

*Mansonella streptocerca, Brugia malayi, Brugia timori, Loa loa* e *Dracunculus medinensis,* são filarídeos que não foram descritos com frequência no Brasil. Desta forma, não foram abordados neste documento.

## CONCLUSÃO

Em síntese, a parasitologia veterinária e ambiental emerge como um campo crucial na proteção da saúde pública, demandando uma atenção especial diante da crescente incidência de infecções parasitárias. A relação complexa entre parasitas e seus hospedeiros, exemplificada pelos gêneros *Angiostrongylus* e *Taenia*, ilustra os desafios que enfrentamos na detecção, diagnóstico e tratamento dessas condições. Os impactos das infecções, que podem variar desde sintomas inespecíficos até condições graves e potencialmente fatais, ressaltam a importância de um vigilante controle epidemiológico e da educação em saúde.

O ciclo de vida dos parasitas, que pode atravessar diferentes espécies e habitats, destaca a necessidade de um enfoque multidisciplinar na pesquisa e no manejo de infecções parasitárias. A interdependência entre a saúde animal e humana torna evidente que medidas preventivas devem ser implementadas de forma conjunta, visando não apenas a erradicação de parasitas, mas a promoção de um ambiente saudável que minimize as condições propícias à disseminação dessas doenças.

Ademais, a importância da comunidade científica e dos profissionais de saúde na formação de estratégias robustas de intervenção não pode ser subestimada. A conscientização sobre a transmissão, a prevenção e a detecção precoce de infecções parasitárias é fundamental para reduzir os riscos à saúde pública.

O futuro da parasitologia reside na contínua evolução do conhecimento científico, que deve ser aplicado a práticas de saúde pública efetivas. Somente por meio da colaboração entre pesquisadores, autoridades sanitárias e a sociedade será possível enfrentar os desafios globais impostos pelas parasitoses emergentes e negligenciadas. Assim, buscamos não apenas compreender esses organismos e suas consequências, mas também construir um compromisso coletivo em prol da saúde global, garantindo que todos, humanos e animais, possam viver livres de doenças parasitárias.

**REFERÊNCIAS**

ALMEIDA, R. S.; COSTA, F. J.; MENDES, A. L. Ciclo epidemiológico da dirofilariose: implicações para a saúde pública. Revista Brasileira de Epidemiologia, v. 24, n. 1, p. 75-85, 2021.

BRASIL. Ministério da Saúde. Secretaria de Vigilância em Saúde. Departamento de Vigilância Epidemiológica. Guia de vigilância epidemiológica e eliminação da filariose linfática. Brasília: Ministério da Saúde, 2009. 80 p.

CASTRILLÓN, J. C.; OROZCO, L. P. *Acanthamoeba* spp. como parasitas patógenos e oportunistas. Revista Chilena de Infectologia, v. 30, p. 147-155, 2013. Disponível em: http://dx.doi.org/10.4067/S0716-10182013000200005.

COOK, Gordon C. Manson's Tropical Diseases. 22. ed. Saunders Ltd., 2007.

NEVES, David Pereira. Parasitologia Humana. 14. ed. Rio de Janeiro: Atheneu, 2022.

NICOLLE, C.; MANCEAUX, L. Sur une infection à corps de Leishman (ou organismes voisins) du gondi. Comptes Rendus de l'Académie des Sciences (Paris), v. 147, p. 763-766, 1908.

PADHI, T. R. et al. Ocular parasitoses: A comprehensive review. Survey of Ophthalmology, v. 62, n. 2, p. 161-189, 2017.

SILVA, J. A. Estudo das infecções parasitárias oculares. Revista Brasileira de Oftalmologia, v. 79, n. 1, p. 40-50, 2020.

SPLENDORE, A. Un nuovo protozoa parassita de' conigli incontrato nelle lesioni anatomiche d'una malattia che ricorda in molti punti il kala-azar dell'uomo. Revista da Sociedade de Ciências, v. 3, p. 109-112, 1908.